中华人民共和国水利部

小型农田水利工程维修养护定额（试行）实用教材

中国灌溉排水发展中心 主编

中国水利水电出版社
www.waterpub.com.cn

图书在版编目（CIP）数据

小型农田水利工程维修养护定额（试行）实用教材/中国灌溉排水发展中心主编．—北京：中国水利水电出版社，2015.9（2015.12 重印）
ISBN 978-7-5170-3639-5

Ⅰ．①小… Ⅱ．①中… Ⅲ．①农田水利-水利工程-维修-定额管理-教材 Ⅳ．①S27

中国版本图书馆 CIP 数据核字（2015）第 214615 号

书　　名	**小型农田水利工程维修养护定额（试行）实用教材**
作　　者	中国灌溉排水发展中心　主编
出版发行	中国水利水电出版社 （北京市海淀区玉渊潭南路 1 号 D 座　100038） 网址：www. waterpub. com. cn E-mail：sales @ waterpub. com. cn 电话：（010）68367658（发行部）
经　　售	北京科水图书销售中心（零售） 电话：（010）88383994、63202643、68545874 全国各地新华书店和相关出版物销售网点
排　　版	中国水利水电出版社微机排版中心
印　　刷	北京瑞斯通印务发展有限公司
规　　格	140mm×203mm　32 开本　3.75 印张　63 千字
版　　次	2015 年 9 月第 1 版　2015 年 12 月第 3 次印刷
印　　数	6001—8000 册
定　　价	**28.00** 元

主　　编　吴文庆　高　军　李仰斌
副 主 编　李　琪　邓少波　郑红星
编　　写　（按姓氏笔画排序）
王会景　朱昌举　刘春华　刘婉迪
许建中　李　娜　李全盈　李铁男
李端明　李燕妮　吴国燕　陈艺伟
陈文志　陈华堂　周维伟　荣　光
施　昭　徐成波　黄森开　温立平
蔡　泓　蔡守华

目　　录

第一章　概　述

第一节　编制目的

在水资源总量不足、时空分布不均、水土资源组合不协调的条件下，我国用占世界9%的耕地、6%的淡水资源，养活了约占世界22%人口，农田水利基础设施发挥了不可替代的基础性作用。尤其是近年来，中央及各地对农田水利基础建设的投入力度不断加大，农田水利工程建设越来越多，为我国农业稳产高产、保障国家粮食安全、农村防洪安全、乡镇供水安全以及促进农村经济发展、农民增收和改善农村生产环境等发挥了巨大作用。但是，随着农田水利工程的增多，运行管理和养护维修任务也不断增加，工程维修养护经费的负担日益沉重，加之地方财力不足，导致农田水利工程年久失修、设备老化、效益衰减，工程管理单位难以为继，严重影响农田水利工程效益的发挥。

农田水利工程在运行管理及维修养护等方面存在的问题，得到了党中央、国务院及各级地方政府的高度重视。2011年中央1号文件《关于加快水利改革发展的决定》提出“中央财政对中西部地区、贫困地区公益性工程维修养护经费给予补助”后，中央财政加大了对水利工程维修养护经费的补助力度，经费投入逐年增加，各级地方财政在中央财政对水利工程维修养护经费补助的带动下，也加大了当地农田水利工程维修养护经费的投入，从而使农田水利工程失修、老化的状况有了初步改善。从2014年开始，财政部、水利部将中央统筹土地出让收益中计提的农田水利建设资金的20%专门用于农田水利工程维修养护，农田水利工程维修养护经费将显著增加。以何标准来测算各类农田水利工程需要的维修养护经费，如何将补助经费分配到各地，是摆在当前一项重要的、十分艰巨的工作。

为了确定农田水利工程维修养护经费合适的投入水平和测算标准，2004年水利部和财政部联合制定发布了《水利工程维修养护定额标准（试点）》，内容包括堤防、控导工程、水库、大中型水闸、大中型泵站、大中型灌区等六类工程的维修养护定额标准，对农田水利工程中的大中型泵站、大中型灌区等工程维修养护经费测算起到了较好的规范和指导作用。《水利工程维修养护定额标准（试点）》中不包括量大、面广的塘坝、窖池、机井、引水堰闸、小型灌排泵站、小型渠道、管道输配水、田间喷灌、微灌、田间排水等工程的维修养护定额标准，这些小型农田水利工程维修养护经费测算、分配、管理无标准可依。因此，在对我国农田水利工程管理现状及存在主要问题进行客观分析和评价、对工程维修养护工程量及经费进行测算分析的基础上，研究制定《小型农田水利工程维修养护定额》（以下简称《定额》），为合理分配全国农田水利工程维修养护补助经费提供科学依据，对科学指导我国农田水利工程运行管理和维修养护工作具有十分重要的意义。

第二节 编制工作思路

一、指导思想

以党的“十八大”和十八届四中全会提出的农业现代化建设和依法治国总目标为指导，认真贯彻党中央、国务院关于加强农业和水利基础设施建设和农业现代化的有关方针政策，以保证农田水利工程安全、高效、经济运行为目标，以提高农田水利工程维修养护经费效益的发挥为核心，以实地调研、工程测算、归纳分析为手段，制定科学、合理的定额标准，为小型农田水利工程维修养护经费测算提供科学依据，为建立农田水利工程长效管理机制提供技术保障。

二、编制原则

（1）目的明确。按小型农田水利工程“安全、高效、经济”运行的要求，确定自流灌区工程、提水灌区工程、井灌区工程及高效节水灌溉工程等各类小型农田水利工程维修养护经费标准。

（2）适用范围广。能适用于我国不同地区、不同类型、不同用途的小型农田水利工程维修养护经费的测算。

（3）适当超前。确定的各类小型农田水利工程维修养护定额指标，既充分考虑目前小型农田水利工程维修养护水平，同时考虑随着经济社会发展而提高维修养护标准的要求。

（4）易于操作。确定的各类小型农田水利工程维修养护定额指标，应符合实际，不能过于复杂，具有可操作性，易于全面地指导我国小型农田水利工程维修养护经费的测算工作。

三、编制依据

（1）有关农田水利建设与管理的现行技术标准。

（2）《水利工程维修养护定额标准（试点）》（水利

部、财政部，2004 年）。

(3)《水利工程设计概（估）算编制规定》（水总〔2014〕429 号）。

(4)《水利建筑工程概算定额》（水总〔2002〕116 号）。

(5)《水利工程施工机械台时费定额》　（水总〔2002〕116 号）。

四、适用范围

《定额》适用于已竣工验收并交付使用的各类灌区及高效节水灌溉工程内小型农田水利工程的年度常规维修养护（以下简称小型农田水利工程维修养护）经费预算的编制和核定，不包含管理组织人员经费和公用经费。小型农田水利工程扩建、续建、改造、因自然灾害损毁修复和抢险所需的费用，以及其他专项费用，不包括在《定额》之内。

第三节　编 制 过 程

为合理安排小型农田水利工程维修养护补助经费提供科学依据，并为我国小型农田水利工程运行管理和维修养护工作提供技术支撑，水利部财务司委托中国灌溉排水发展中心（以下简称灌排中心）组织编制《定额》。灌排中心成立了由李仰斌主任为组长、邓少波副主任为副组长，有关处室负责人、部分专家和业务技术人员组成的《定额》编制工作组，在水利部财务司、农水司的领导下，具体开展《定额》的编制工作。编制过程如下：

（1）编制《定额》大纲。2014 年 4 月，编制组对现有农田水利工程维修养护方面的资料进行分析，对农田水利工程分类分级、工程维修养护总体要求及项目构成、工作量等进行了研讨，编制了《定额》编写大纲。

（2）编制《定额》初稿。2014 年 5 月根据《定额》编写大纲，编制完成了《定额》初稿，报送水利部财务司并作了专题汇报。水利部财务司指示灌排中心组织专家在《定额》初稿的基础上，开展典型工程调研测算工作，为修改完善《定额》初稿提供基础资料和科学依据。

（3）典型工程调研测算。2014 年 8 月 10—20 日，灌排中心组织专家分为 5 个调研小组，分赴甘肃、湖北、江西、四川、河北、山东、黑龙江、广西、湖南、陕西等 10 省（自治区），选取具有代表性的小型水源工程（塘坝、窖池、机井、引水流量小于 $1m^3/s$ 的引水堰闸等）、灌排泵站、灌溉输配水工程（渠系、管道）、田间排水工程、高效节水灌溉工程等小型农田水利工程，对其维修养护项目构成、工程（工作）量及经费等进行调研测算，并与基层从事农田水利工程运行管理及养护维修的人员进行座谈，征求意见。共完成了482个典型工程维修养护的工程（工作）量及经费的调研测算，并征集到对《定额》初稿的意见及建议共100多条。根据调研的典型工程测算情况，对《定额》初稿又进行了补充完善，同时完成了《〈小型农田水利工程维修养护定额〉（初稿）典型工程调研测算总报告》。

（4）编制《定额》征求意见稿。2014年11月3日，李国英副部长主持召开部长专题办公会议，研究《小型农田水利工程维修养护定额》制订工作，会上，编制组向李国英副部长汇报了《定额》编制情况。会议认为，《定额》填补了小型农田水利工程维修养护定额确定的空白。会议要求，《小型农田水利工程维修养护定额》应针对农田水利领域，侧重田间工程，与《水利工程维修养护定额标准》无缝衔接，形成一套完整的水利工程维修养护定额标准体系，并要求水利部财务司、农水司、灌排中心加强协调配合，修改完善《定额》，尽早出台。按照部长专题办公会提出的要求，编制组又组织专家对《定额》进行了反复讨论、修改，形成《定额》征求意见稿。

(5) 形成《定额》送审稿。2014年12月3日，水利部办公厅以《关于征求对〈小型农田水利工程维修养护定额〉意见的函》（办财务〔2014〕1363号），向水利部机关各司局，各流域机构，各省、自治区、直辖市水利（水务）厅（局）、计划单列市水利（水务）局、新疆生产建设兵团水利局等部门和单位征求意见。共发出征求意见函45份，截至2014年12月16日，收回反馈意见31份，意见及建议共187条。灌排中心组织专家，对反馈的意见和建议逐条进行了讨论，采纳意见90条，部分采纳9条，不采纳88条，并对不采纳的82条意见逐一给出了理由；对《小型农田水利工程维修养护定额》（征求意见稿）进行了修改和完善，形成了《小型农田水利工程维修养护定额》（送审稿第一稿）；2014年12月19日，水利部财务司组织水利部水利水电规划设计总院（以下简称水规总院）和灌排中心相关人员就《定额》与2004年水利部、财政部发布的《水利工程维修养护定额（试点）》的衔接、农田水利工程分类、适用的对象、发布方式及时间等问题进行了讨论。根据会议讨论意见，灌排中心组织编写专家，对《小型农田水利工程维修养护定额》（送审稿第一稿）又进行了修改和完善，形成了《小型农田水利工程维修养护护定额》（送审稿）。

（6）召开《定额》审查会。2015 年 2 月 13 日，水规总院（水利部水利建设经济定额站）在北京主持召开会议，对《小型农田水利工程维修养护定额》（送审稿）进行了审查。会上与会领导和专家对《定额》送审稿进行了认真讨论，出具了审查意见。2015 年 3 月 12 日，《定额》编制组在北京召开审查意见修改讨论会，对审查意见逐条进行了分析与解读，并形成修改的一致意见。经过《定额》编制组专家的共同努力，再进行修改和完善，形成了《小型农田水利工程维修养护定额》（报批稿）。

（7）2015 年 7 月 2 日，编制组将《定额》（报批稿）呈报陈雷部长、矫勇副部长、李国英副部长、周学文党组成员审定。

（8）2015 年 7 月 21 日，李国英副部长召开部长专题办公会，就发布《定额》有关工作进行安排部署。

第二章　定额编制技术说明

依照小型农田水利工程管理运行和维修养护工作内容，以实地调研、工程测算、归纳分析为手段，参考有关行业定额标准和实际开支情况，科学界定维修养护项目构成和工作内容，明晰和量化工程量，并行单价测算及分析，从而计算出各类小型农田水利工程维修养护项目的定额标准。

第一节　小型农田水利工程维修养护分类及养护等级

根据我国农田水利工程现状、管理水平及发展预期，参照《水利工程维修养护定额标准（试点）》（2004年，水利部、财政部）的办法，进行小型农田水利工程分类，划分小型农田水利工程维修养护等级。

一、小型农田水利工程维修养护分类

目前，我国灌区根据其首部工程（水源工程）的形

式，主要分为自流灌区、提水灌区、井灌区；高效节水灌溉工程根据田间灌溉系统的形式，主要分为管道灌溉工程、喷灌工程和微灌工程等形式。另外，我国对小型农田水利工程维修养护经费补助主要针对灌区工程和高效节水灌溉工程。因此，《定额》规定“小型农田水利工程维修养护分为自流灌区工程维修养护、提水灌区工程维修养护、井灌区工程维修养护和高效节水灌溉工程维修养护等四类”。

自流灌区工程一般包括水源工程、输配水工程和排水工程等。其中，水源工程一般包括进水闸、水库、滚水坝、塘坝、窖池（蓄水池）等工程；输配水工程一般包括骨干渠道及建筑物工程和农田渠系工程等；排水工程一般包括骨干排水工程、农田排水工程等。

提水灌区工程一般包括水源工程、输配水工程和排水工程等。其中水源工程一般包括泵站、水库、塘坝、窖池（蓄水池）等工程；输配水工程和排水工程包含的各类工程与自流灌区相似。

井灌区工程一般包括机井工程、农田管渠系工程和排水工程等。井灌区的输配水有的采用渠道系统，有的采用管道系统，有的采用渠道和管道结合的系统，而且一般的井灌区输配水渠道、管道的设计流量都小于 $1m^3/s$。

高效节水灌溉工程一般包括水源工程、田间灌溉系统和附属设施等，而且按田间灌溉系统的形式不同，分为管道灌溉工程、喷灌工程和微灌工程等。

水利部、财政部于2004年发布的《水利工程维修养护定额标准（试点）》对农田水利工程中的水闸工程、泵站工程、小（1）型及以上水库工程、滚水坝工程、设计流量不小于$1m^3/s$的骨干渠道及建筑物工程、设计流量不小于$1m^3/s$的骨干排水工程维修养护定额标准进行了规定，因此，为了避免重复，上述工程维修养护定额标准依旧按水利部、财政部于2004年发布的《水利工程维修养护定额标准（试点）》的规定执行。

小（2）型水库工程（10万$m^3 \leqslant V < 100$万m^3）、塘坝工程（0.05万$m^3 \leqslant V < 10$万m^3）、窖池（蓄水池）工程（$10m^3 \leqslant V < 500m^3$）、机井工程、设计流量小于$1m^3/s$的农田渠系工程、设计流量小于$1m^3/s$的农田排水工程、管道灌溉工程、喷灌工程和微灌工程等的维修养护定额标准，现行《水利工程维修养护定额标准（试点）》（2004年，水利部、财政部）未作规定，因此按《小型农田水利工程维修养护定额（试行）》的规定执行。

二、小型农田水利工程维修养护等级划分

根据全国农田水利工程的现状，自流灌区工程维修

养护、提水灌区工程维修养护和井灌区工程维修养护按工程规模（灌溉面积）划分若干等级，高效节水灌溉工程维修养护不分等级。小型农田水利工程维修养护等级划分情况见表2-1。

表2-1　小型农田水利工程维修养护等级划分

<table>
<tr><th>序号</th><th colspan="2">工程类别</th><th>等级划分</th><th>等级划分依据</th></tr>
<tr><td>一</td><td colspan="2">自流灌区工程</td><td>六级</td><td>灌溉面积</td></tr>
<tr><td>二</td><td colspan="2">提水灌区工程</td><td>六级</td><td>灌溉面积</td></tr>
<tr><td>三</td><td colspan="2">井灌区工程</td><td>三级</td><td>灌溉面积</td></tr>
<tr><td rowspan="3">四</td><td rowspan="3">高效节水灌溉工程</td><td>管道灌溉工程</td><td>不分等级</td><td></td></tr>
<tr><td>喷灌工程</td><td>不分等级</td><td></td></tr>
<tr><td>微灌工程</td><td>不分等级</td><td></td></tr>
</table>

第二节　维修养护项目构成的界定

一、维修养护的界定

小型农田水利工程维修养护是指为保持工程原设计功能、规模和标准而开展的工程日常维护、局部整修和岁修。日常维护是对工程进行经常保养和防护；局部整修是及时处理工程局部、表面、轻微的缺陷和损坏，保持工程的完整、安全与正常运用；岁修是每年（或周期性）进行的、对经常养护所不能解决的工程损坏的修复。维修养护不包括农田水利工程扩建、续建、改造、大修、因自然灾害损毁修复和抢险等。

二、维修养护项目构成

1. 自流灌区工程维修养护项目

自流灌区工程维修养护项目包括水源工程维修养护、输配水工程维修养护和排水工程维修养护，主要维修养护项目见表2-2。

表2-2 自流灌区工程维修养护项目构成

<table>
<tr><th colspan="2">维修养护项目</th><th>维修养护内容</th></tr>
<tr><td rowspan="3">水源工程</td><td>小（2）型水库工程</td><td>坝体维修养护、输水设施维修养护、泄水建筑物维修养护、附属设施维修养护和淤区维修养护等</td></tr>
<tr><td>塘坝工程</td><td>坝体维修养护、泄水建筑物维修养护、输水设施维修养护、附属设施维修养护和淤区维修养护等</td></tr>
<tr><td>窖池工程（蓄水池工程）</td><td>主体工程维修养护、集流工程维修养护、附属设施维修养护和清淤等</td></tr>
<tr><td>输配水工程</td><td>渠道工程</td><td>渠顶维修养护、渠坡维修养护、渠道防渗体维修养护、附属设施维修养护、安全防护设施及标志牌维修养护、生产交通桥维修养护、交叉涵管维修养护、量水设施维修养护、分水节制闸门维修养护、渠道清淤和自控设施维修养护等</td></tr>
</table>

续表

维修养护项目		维修养护内容
输配水工程	渡槽工程	主体建筑物维修养护、附属设施维修养护和清淤等
	倒虹吸工程	主体建筑物维修养护、附属设施维修养护和清淤等
	涵洞（隧洞）工程	主体建筑物维修养护、附属设施维修养护和清淤等
排水工程	明沟排水工程	沟道土方养护、沟道清淤清障、防护设施及安全标识维修养护和交叉涵管维修养护等
	暗管排水工程和竖井排水工程	可根据实际维修养护内容，参照《定额》的相关内容确定

2. 提水灌区工程维修养护项目

提水灌区工程维修养护项目包括水源工程维修养护、输配水工程维修养护和排水工程维修养护。泵站工程的维修养护项目按《水利工程维修养护定额标准（试点）》的规定执行，其他工程维修养护项目与自流灌区各类工程维修养护项目基本相同，只是维修养护工程量上存在一些差别。

3. 井灌区工程维修养护项目

井灌区工程维修养护项目包括机井工程维修养护、农田渠（管）系工程维修养护和排水工程维修养护，见

表 2-3。

表 2-3 井灌区工程维修养护项目构成

<table>
<tr><th colspan="3">维修养护项目</th><th>维修养护内容</th></tr>
<tr><td>水源工程</td><td colspan="2">机井工程</td><td>井口建筑物维修养护、井内维修养护、机电设备维修养护和洗井清淤等</td></tr>
<tr><td rowspan="5">农田渠（管）系工程</td><td rowspan="4">农田渠系工程</td><td>渠道工程</td><td>渠顶维修养护、渠坡维修养护、渠道防渗体维修养护、附属设施维修养护、安全防护设施及标志牌维修养护、生产交通桥维修养护、交叉涵管维修养护、量水设施维修养护、分水节制闸门维修养护、渠道清淤和自控设施维修养护等</td></tr>
<tr><td>渡槽工程</td><td>主体建筑物维修养护、附属设施维修养护和清淤等</td></tr>
<tr><td>倒虹吸工程</td><td>主体建筑物维修养护、附属设施维修养护和清淤等</td></tr>
<tr><td>涵洞（隧洞）工程</td><td>主体建筑物维修养护、附属设施维修养护和清淤等</td></tr>
<tr><td colspan="2">农田管系工程</td><td>输水管道及建筑物维修养护及田间管道工程维修养护</td></tr>
<tr><td rowspan="2">排水工程</td><td colspan="2">明沟排水工程</td><td>沟道土方养护、沟道清淤清障、防护设施及安全标识维修养护和交叉涵管维修养护等</td></tr>
<tr><td colspan="2">暗管排水工程和竖井排水工程</td><td>可根据实际维修养护内容，参照《定额》的相关内容确定</td></tr>
</table>

4. 高效节水灌溉工程

高效节水灌溉工程维修养护项目包括管道灌溉工程维修养护、喷灌工程维修养护和微灌工程维修养护，见

表2-4。

表2-4　高效节水灌溉工程维修养护项目构成

<table>
<tr><th colspan="3">维修养护项目</th><th>维修养护内容</th></tr>
<tr><td rowspan="6">管道灌溉工程</td><td colspan="2">水源工程</td><td>参照灌区水源工程相关内容执行</td></tr>
<tr><td rowspan="4">输水管道及建筑物工程</td><td>塑料管道工程</td><td>管道土方、管道（含管件）更换、泄水井及检修井维护等</td></tr>
<tr><td>混凝土管道工程</td><td>管道土方、管道（含管件）更换、管道漏水修补、出水口维护、沉砂池维护、泄水井及检修井维修养护、管道清淤及沉砂池清淤</td></tr>
<tr><td>钢管道工程</td><td>管道土方、管道（含管件）维修、泄水井、检修井维护</td></tr>
<tr><td>玻璃钢管道工程</td><td>参照塑料管道工程维修养护项目</td></tr>
<tr><td colspan="2">田间管道工程</td><td>管道土方、管道（含管件）更换，出水口维修养护、泄水井及检修井维修养护等</td></tr>
<tr><td rowspan="3">喷灌工程</td><td colspan="2">水源工程</td><td>参照灌区水源工程相关内容执行</td></tr>
<tr><td rowspan="2">田间喷灌工程</td><td>管道式喷灌工程</td><td>首部枢纽、喷灌设施（包括喷灌管道系统与喷头组）及附属设施等维修养护等</td></tr>
<tr><td>机组式喷灌工程</td><td>首部枢纽、输水管道、喷灌机及附属设施等维修养护</td></tr>
<tr><td rowspan="2">微灌工程</td><td colspan="2">水源工程</td><td>参照灌区水源工程相关内容执行</td></tr>
<tr><td colspan="2">田间微灌工程</td><td>首部枢纽、输配水管网和灌水器等维修养护</td></tr>
</table>

第三节　工程量和养护定额确定方法

一、确定维修养护工程（工作）量

维修养护工程（工作）量指维修养护终端对象的数量、面积、体积或维修养护工时、台班和物料消耗等。明晰和量化工作量的主要依据有：①农田水利工程重要性（如渠道及建筑物工程的设计级别）和规模；②农田水利工程实际形态，即其单位工程及其主要单元工程的数量、结构等；③水利工程维修养护技术标准；④外界的实际影响因素。

确定维修养护项目工程（工作）量的方法有：①直接计算工程维修养护工程（工作）量；②根据损坏率、损耗率，计算工程维修养护工程（工作）量；③根据年维修情况，计算工程维修养护工程（工作）量；④根据多年统计平均值，确定工程维修养护工程（工作）量。

二、单价分析

《小型农田水利工程维修养护定额》单价分析依据

水利部《水利建筑工程概算定额》(2002 年)、《水利工程施工机械台时费定额》(2002 年)、《水利工程概预算补充定额》(2005 年)、《水利工程设计概（估）算编制规定》（2014 年）及实测定额，并参考部分省（自治区、直辖市）及有关单位制定的水利工程维修养护定额。

经统计，东北地区、黄淮海地区、长江中下游地区、华南沿海地区、西南地区和西北地区等 6 个地区 31 个市 2013 年四季度建筑工种人工工资平均为 135 元/工日。根据《水利工程设计概（估）算编制规定》(水利部，2014 年）的直接费中的其他直接费、间接费、利润、税金等取费费率，以 135 元/工日反推进入直接费的人工预算单价为 107.2 元/工日，略低于调研的市场人工工资。

小型农田水利工程维修养护定额中人工用量已综合考虑小型农田水利工程维修养护的特点，进入直接费的人工预算单价不分专业与工种按 107.2 元/工日取定，日工资以 8 小时/天计算，折合为 13.4 元/工时，以工日为单位的人工工资按 135 元/工日计取。

工程维修养护单价由直接费、间接费、利润、材料补差及税金构成。

三、确定工程维修养护定额标准

各维修养护项目的经费定额标准为该项目维修养护工程（工作）量和有关单价的乘积，某类小型农田水利工程的各维修养护项目的经费定额标准之和为该类工程的维修养护经费定额标准。

第四节　小型农田水利工程维修养护分区

一、灌溉分区

我国小型农田水利工程量大、面广，同一类型的灌区工程或高效节水灌溉工程，在不同的地区，其维修养护经费存在一定的差异。《全国现代灌溉发展规划（2012—2020年）》（2014年，水利部）将我国农田灌溉分为东北地区、黄淮海地区、长江中下游地区、华南沿海地区、西南地区和西北地区等6个区，各区所包含的省份及地区为：东北地区包括辽宁、吉林、黑龙江3省以及内蒙古自治区东部的通辽、赤峰、兴安、呼伦贝尔4市（盟），黄淮海地区包括北京、天津、河北、山西、山东、河南、安徽7省（直辖市），长江中下游地区包括上海、江苏、浙江、江西、湖北、湖南6省（直辖市），华南沿海地区包括福建、广东、广西、海南4省（自治区），西南地区包括重庆、四川、贵州、云南、西藏5省（自治区、直辖市），西北地区包括陕西、甘肃、青海、宁夏、新疆5省（自治区）以及内蒙古中西部地区。

二、小型农田水利工程维修养护分区

根据降水特征、地理位置、作物种植结构、经济基础等条件，且按以省为单位测算分配农田水利工程维修养护经费的原则，参照《全国现代灌溉发展规划（2012—2020年）》（2014年，水利部）中关于我国灌溉分区，将我国小型农田水利工程维修养护分区分为东北地区、黄淮海地区、长江中下游地区、华南沿海地区、西南地区和西北地区等6个区，并明确各区所包含的省份，见表2-5。

表2-5　小型农田水利工程维修养护分区

序号	分　区	省（自治区、直辖市）
1	东北地区	辽宁、吉林、黑龙江、内蒙古
2	黄淮海地区	北京、天津、河北、山西、山东、河南、安徽
3	长江中下游地区	上海、江苏、浙江、江西、湖北、湖南
4	华南沿海地区	福建、广东、广西、海南
5	西南地区	重庆、四川、贵州、云南、西藏
6	西北地区	陕西、甘肃、青海、宁夏、新疆

三、维修养护经费调整系数

地形地貌、气候条件、社会经济水平及农田水利工程结构形式等条件，对自流灌区、提水灌区、井灌区和高效节水灌溉工程等小型农田水利工程的维修养护经费产生一定的影响，但是如果每一个影响因素都设置一个调整系数，将增加农田水利工程维修养护经费的测算分配难度，因此本条按各分区地形地貌、气候条件、社会经济水平及小型农田水利工程结构形式等因素，通过调研测算，分不同类型灌区工程和高效节水灌溉工程，综合确定了维修养护经费调整系数。各分区小型农田水利工程维修养护定额标准调整系数见表2-6。

表2-6　各分区小型农田水利工程维修养护定额标准调整系数

序号	分　区	调整系数					
		自流灌区	提水灌区	井灌区	高效节水灌溉工程		
					管道	喷灌	微灌
1	东北地区	1.05	1.05	1	1	0.95	1.05
2	黄淮海地区	1	1	1	1	1	1
3	长江中下游地区	1.05	0.95	0.9	0.95	1.05	1
4	华南沿海地区	1.05	0.95	0.9	0.95	1	1
5	西南地区	1.1	1.05	1	1.1	1.05	1
6	西北地区	1.05	1.1	1	1	1	1.1

第三章 灌区分项工程维修养护定额标准

第一节 水源工程维修养护定额标准

《定额》中小型农田水利工程水源工程主要包括小(2)型水库、塘坝工程、窖池工程和机井工程等。提水泵站工程、进水闸、小(1)型以上水库等水源工程维修养护定额按《水利工程维修养护定额标准(试点)》(2004年,水利部、财政部)确定。下面主要介绍小(2)型水库、塘坝工程、窖池工程和机井工程4种水源工程维修养护定额。

一、小(2)型水库工程维修养护定额标准

为提高小(2)型水库工程维修养护项目工程(工作)量核定的精度,小(2)型水库工程维修养护等级按库容指标划分为2级,具体划分标准见表3-1。小(2)型水库工程维修养护等级划分以总库容为主要指标,坝高超过该等级指标时,可提高一级。

表 3-1 小（2）型水库工程维修养护等级划分表

维修养护等级	一	二
总库容 V/万 m^3	$100>V\geqslant40$	$40>V\geqslant10$
坝高 H/m	$H\geqslant20$	$20>H\geqslant10$

为便于估计工程量，对 2 个维修养护等级分别确定了计算基准，见表 3-2。

表 3-2 小（2）型水库工程计算基准

维修养护等级	一	二
总库容/万 m^3	70	30
坝高/m	24	15
坝长/m	140	90

小（2）型水库工程维修养护项目包括坝体维修养护、输水设施维修养护、泄水建筑物维修养护、附属设施维修养护和淤区维修养护等项目，为便于核定出实际工程量，对上述计算基准再作如下规定：

（1）坝顶宽 5m，坝顶混凝土材料养护厚度 0.2m，养护率应为 8%。

（2）上游坡采用混凝土材料护坡，土石坝上游坡比应为 1∶2.5，养护厚度应为 0.1m；浆砌石坝上游坡比为1∶0，养护厚度为 0.3m，养护率应为 1.5%。

（3）土坝下游草皮养护及补植按 1∶2.0 坡比，坝高按 3/4 计算，养护率按 10%考虑。

（4）土坝下游排水棱体翻修按 1∶2.0 坡比，棱体高按1/4计算，养护率按5%考虑。

分别确定小（2）型水库工程2个维修养护等级、2种坝型计算基准的维修养护工程（工作）量，计算结果填入表3-3中。

表3-3　小（2）型水库工程维修养护工程（工作）量表

序号	维修养护项目	单位	维修养护等级			
			一		二	
			土坝	砌石坝	土坝	砌石坝
一	坝体维修养护					
(一)	坝顶维修养护					
1	混凝土	m^3				
(二)	坝坡维修养护					
1	现浇混凝土（护坡、防渗面板）空蚀处理	m^3				
2	现浇混凝土（护坡、防渗面板）裂缝处理	m^2				
3	草皮养护及补植	m^2				
4	排水棱体翻修	m^3				
5	排水沟维修养护	m^3				
6	其他项目	工日				
二	输水设施维修养护					
1	启闭设备及闸门维修养护	处				
2	输水涵管、进出口设施维修养护	处				

续表

序号	维修养护项目	单位	维修养护等级			
			一		二	
			土坝	砌石坝	土坝	砌石坝
三	泄水建筑物维修养护					
1	控制段混凝土维修养护	m^3				
2	控制段浆砌石翻修	m^3				
3	平板闸门维修养护	扇				
4	泄水渠混凝土维修养护	m^3				
5	消能段混凝土维修养护	m^3				
6	消能段浆砌石翻修	m^3				
四	附属设施维修养护					
1	管理房维修	m^2				
2	水位雨量设施维修	处				
3	安全设施标志牌维护	处				
4	坝区绿化	m^2				
五	淤区维修养护					
1	库面水域保洁	万 m^2 ·次				
2	淤泥清除	m^3				

根据各种计算基准核定的工程量，乘以单价即可计算出各维修养护项目的定额标准，计算结果填入表 3 - 4。再考虑不同库容水库所占权重计算小（2）型水库工程维修养护综合定额标准。各地区采用本定额标准时不需进行调整。

表 3-4　小（2）型水库工程维修养护定额标准表

单位：元/(座·年)

序号	维修养护项目	维修养护等级			
		一		二	
		土石坝	浆砌石坝	土石坝	浆砌石坝
	合计				
一	坝体维修养护				
二	输水设施维修养护				
三	泄水建筑物维修养护				
四	附属设施维修养护				
五	淤区维修养护				
综合维修养护定额标准					

二、塘坝工程维修养护定额标准

塘坝工程维修养护等级按库容指标划分为 2 级，具体划分标准见表 3-5。塘坝工程维修养护等级以总库容为主要指标，坝高超过该等级指标时，可提高一级。

表 3-5　塘坝工程维修养护等级划分表

维修养护等级	一	二
总库容 V/万 m^3	$10>V\geqslant 5$	$5>V\geqslant 0.05$
坝高 H/m	$10>H\geqslant 6$	$6>H\geqslant 1.5$

为便于估计工程量，对 2 个维修养护等级分别确定了计算基准，见表 3-6

表 3-6　塘坝工程计算基准

维修养护等级	一	二
总库容/万 m^3	7.5	3
坝高/m	9	4
坝长/m	80	50

塘坝工程维修养护项目包括坝体维修养护、输水设施维修养护、泄水建筑物维修养护、附属设施维修养护和淤区维修养护等，以划定的计算基准为基础，分别核定各维修养护项目实际工程量。为便于核定工程量，对计算基准进一步作如下规定：

(1) 坝顶宽按 4m 计，坝顶混凝土材料养护厚度按 0.2m 计，养护率应为 8%。

(2) 上游坡防护采用混凝土材料，土石坝上游坡比按 1∶2.5，养护厚度应为 0.1m，浆砌石坝上游坡比按 1∶0，养护厚度按 0.3m，养护率按 1.5%考虑。

(3) 土坝下游草皮养护及补植按 1∶2.0 坡比，坝高按 3/4 计算，养护率按 10%考虑。

(4) 土坝下游排水棱体翻修按 1∶2.0 坡比，棱体高按 1/4 计算，养护率按 5%考虑。

分别计算 2 个维修养护等级、2 种计算基准的塘坝工程维修养护工程（工作）量，表核算结果填入表3-7 中。

表3-7 塘坝工程维修养护工程（工作）量表

序号	维修养护项目	单位	维修养护等级			
			一		二	
			土坝	砌石坝	土坝	砌石坝
一	坝体维修养护					
(一)	坝顶维修养护					
1	混凝土	m^3				
(二)	坝坡维修养护					
1	现浇混凝土（护坡、防渗面板）空蚀处理	m^3				
2	现浇混凝土（护坡、防渗面板）裂缝处理	m^2				
3	草皮养护及补植	m^2				
4	排水棱体翻修	m^3				
5	排水沟维修养护	m^3				
6	其他项目	工日				
二	输水设施维修养护					
1	启闭设备及闸门维修养护	处				
2	输水涵管、进出口设施维修养护	处				
三	泄水建筑物维修养护					
1	控制段混凝土维修养护	m^3				
2	控制段浆砌石翻修	m^3				
3	平板闸门维修养护	扇				
4	泄水渠混凝土维修养护	m^3				
5	消能段混凝土维修养护	m^3				

续表

序号	维修养护项目	单位	维修养护等级			
			一		二	
			土坝	砌石坝	土坝	砌石坝
6	消能段浆砌石翻修	m^3				
四	附属设施维修养护					
1	水位设施维修	处				
2	安全设施标志牌维护	处				
五	淤区维修养护					
1	库面水域保洁	万 m^2 ·次				
2	淤泥清除	m^3				

根据塘坝的维修养护工程量，计算不同维修养护等级的维修养护项目定额标准，再考虑不同库容所占权重，计算出综合维修养护定额标准，计算结果填入表3－8中。本项综合维修养护定额标准，在不同时区实际采用时不需进行定额标准调整。

表3－8　塘坝工程维修养护定额标准表

单位：元/(座·年)

序号	项　　目	维修养护等级			
		一		二	
		土坝	砌石坝	土坝	砌石坝
	合计				
一	坝体维修养护				
二	放水涵管维修养护				

续表

序号	项　目	维修养护等级			
		一		二	
		土坝	砌石坝	土坝	砌石坝
三	溢洪道维修养护				
四	附属设施维修养护				
五	淤区维修养护				
综合维修养护定额标准					

三、窖池工程维修养护定额标准

窖池工程维修养护等级按容积指标划分为 3 级，具体划分标准见表 3-9。

表 3-9　窖池工程维修养护等级划分表

维修养护等级	一	二	三
蓄水容积 V/m^3	$500>V\geqslant100$	$100>V\geqslant30$	$30>V\geqslant10$

为便于估计工程量，以蓄水容积为指标，对 3 个维修养护等级分别确定计算基准，见表 3-10。

表 3-10　窖池工程维修养护计算基准

维修养护等级	一	二	三
蓄水容积/m^3	300	50	25

窖池工程维修养护项目包括蓄水工程维修养护、集

流工程维修养护、附属设施维修养护和清淤等，以划定的计算基准为基础，分别确定三个养护等级的窖池工程维修养护项目工程（工作）量，计算结果填入表3-11中。

表3-11　窖池工程维修养护项目工程（工作）量表

序号	维修养护项目	单位	维修养护等级		
			一	二	三
一	蓄水工程维修养护				
1	养护土方	m^3			
2	砂浆防渗抹面	m^2			
3	破损修补	工日			
二	集流工程维修养护	项			
三	附属设施维修养护				
四	清淤				
1	窖池清淤	工日			
2	沉砂池清淤	工日			

注：1. 窖池主体为混凝土不计算砂浆防渗抹面维修养护项目。
2. 无沉砂池的不计算沉砂池清淤。

窖池工程维修养护综合定额标准，是以不同工程量核定等级划定的计算基准与核定的工程量计算出的维修养护项目定额标准为基础，再考虑不同窖池容积所占权重计算得出，计算结果填入表3-12中。实际采用时不再进行定额标准调整。

表 3-12　窖池工程维修养护定额标准表

单位：元/(座·年)

序号	维修养护项目	维修养护等级		
		一	二	三
	合计			
一	主体工程维修养护			
二	集流工程维修养护	按主体工程维修养护的 5%计算		
三	附属设施维修养护	按主体工程维修养护的 2%计算		
四	清淤			
综合维修养护定额标准				

四、机井工程维修养护定额标准

机井工程维修养护等级按管井深度划分为 2 级，见表 3-13。

表 3-13　机井工程维修养护等级划分表

维修养护等级	一	二
管井深度/m	≥100	<100

机井总体划分管井、大口井和辐射井三种井型，其中大口井和辐射井深一般均小于 100m，因此维修养护等级均划为二级。以井深（或井径）、机组功率为指标确定计算基准，见表 3-14。

机井工程维修养护项目包括井口建筑物维修养护、井体维修养护、机电设备维修养护、清淤等。

表 3-14 机井工程计算基准表

类型	管井		大口井	辐射井
维修养护等级	一	二	一	一
井深/m	150	80		
井径/m			3	5
机组功率/kW	11			

（1）井房维修养护工程量定额标准依据：管井、大口井井房维修养护面积依据《小型农田水利工程设计图集》计算得出，辐射井井房面积按大口井井房维修养护面积计算。

（2）防护设施维修养护工程量定额标准依据：机井防护设施主要是护栏和安全警示标示牌维修养护。管井直径为1.6m（井直径0.6m），大口井直径为4m（井直径3m），辐射井直径为6m（井直径5m），护栏长度分别为5.02m、12.56m、18.84m，年维修养护率为1/3，安全警示标示按每年10元计取。

（3）井管维修养护工程量定额标准依据：井管经过长时间的运行，当井壁出现坍陷、堵塞等情况时，需更换新的井壁管或直接下套管，更换频率为1.0%。

（4）勾缝修补工程量定额标准依据：《定额》标准按井体出露地面高度为0.5m，直径3m的砌石大口井井体壁厚为0.5m，直径5m的混凝土辐射井井体壁厚为 0.2m，勾缝修补的年度修补率为井体出露部分总面积的 33%。

（5）砌体损毁修补工程量定额标准依据：按砌石大口井井径为 3m、井体壁厚为 0.5m、深 10m 测算，砌体损毁修补的年度修补率为井体体积的 1/50（在 50 年内完成井体的更新）。

（6）混凝土损毁修补工程量定额标准依据：《定额》标准按混凝土辐射井井径为 5m、井体壁厚为 17.5cm，深 10m 测算，混凝土损毁修补的年度修补率为井体体积的 1.4%（在 70 年内完成井体的更新）。

（7）辐射管清洗工程量定额标准依据：《定额》标准按单层、每层 7 根、每根 15m 长测算，辐射管清洗的年度清洗率为辐射管总长的 33%。

（8）辐射管更换工程量定额标准依据：《定额》标准按单层、每层 7 根、每根长 15m，管材为 PVC 材质测算，辐射管清洗的年度更换率为辐射管总长的 4.76%。

（9）机组维修养护工程量定额标准依据：水泵及电机按每两年进行 1 次检修。

（10）配电设备及线路维修养护工程量定额标准依据：机井泵站的变压器每年检查小修 1 次。

（11）泵管及电缆线更换维修养护工程量定额标准

依据：《定额》标准为一级管井泵管长45.5m，泵房内管道长2.5m，电缆线长与泵管长相等；二级管井泵管长24.5m，泵房内管道长2.5m，电缆线长与泵管长相等；大口井泵管长8.5m，泵房内管道长3.5m，电缆线长与泵管长相等；辐射井泵管长8.5m，泵房内管道长3.5m，电缆线长与泵管长相等；泵管及电缆线更换为总长的5%。

（12）管井清淤、大口井和辐射井清淤工程量定额标准依据：《定额》标准按每3年清淤1次计入。

分别计算各种计算基准的机井工程维修养护工程（工作）量，计算结果填入表3-15中。

表3-15　机井工程维修养护工程（工作）量表

序号	维修养护项目	单位	管井		大口井	辐射井
			一	二		
一	井口建筑物维修养护					
1	井房维修养护	m^2				
2	井台维修养护	座				
3	防护设施维修养护	套				
二	井体维修养护					
1	井管维修养护	m				
2	井筒维修养护					
①	勾缝修补	m^2				

续表

序号	维修养护项目	单位	管井		大口井	辐射井
			一	二		
②	砌体损毁修补	m^3				
③	混凝土损毁修补	m^3				
3	辐射管维修养护					
①	辐射管清洗	m				
②	辐射管更换	m				
三	机电设备维修养护					
1	机组维修养护	工日				
2	配电设备及线路维修养护	工日				
3	泵管维修养护	m				
4	配件更换	更换率	按机电设备资产原值的2%计算			
四	清淤					
1	管井清淤	台班				
2	大口井、辐射井清淤	台班				

机井工程维修养护综合定额标准，是以不同工程量核定等级划定的计算基准与核定的工程量计算出的维修养护项目定额标准为基础，考虑不同井型所占权重计算得出的，计算结果填入表3-16中。《定额》标准在实际采用时不需进行调整。

表 3-16　机井工程维修养护项目定额标准表

单位：元/(眼·年)

序号	项　目	管井		大口井	辐射井
		一 (150m 深)	二 (80m 深)		
	机井工程维修养护综合定额标准				
	合计				
一	井口建筑物维修养护				
1	井房维修养护				
2	井台维修养护				
3	防护设施维修养护				
二	井体维修养护				
1	井管维修养护				
2	井筒维修养护				
(1)	勾缝修补				
(2)	砌体损毁修补				
(3)	混凝土损毁修补				
3	辐射管维修养护				
(1)	辐射管清洗				
(2)	辐射管更换				
三	机电设备维修养护				
1	机组维修养护				
2	配电设备及线路维修养护				

续表

序号	项　目	管井		大口井	辐射井
		一 （150m 深）	二 （80m 深）		
3	泵管维修养护				
4	配件更换	按机电设备资产原值的 2%计算			
四	清淤				
1	管井清淤				
2	大口井、辐射井清淤				

第二节　农田渠系工程维修养护定额标准

一、农田渠系工程维修养护等级划分及维修养护项目

农田渠系工程主要是设计流量 1.0m³/s 以下的灌区斗渠、农渠。为提高渠系工程维修养护项目工程（工作）量核定的精度，维修养护等级按设计流量大小分为 3 级，具体划分标准见表 3－17。

表 3－17　农田渠系工程维修养护等级划分表

维修养护等级	一	二	三
设计流量 Q/(m³/s)	$1>Q\geq0.5$	$0.5>Q\geq0.2$	$Q<0.2$

农田渠系工程按设计流量划分 3 个维修养护等级计

算基准，见表3－18。

表3－18　渠道及建筑物工程计算基准表

维修养护等级	一	二	三
设计流量 $Q/(m^3/s)$	0.75	0.35	0.1

农田渠系工程维修养护项目包括渠道工程维修养护、渡槽工程维修养护、倒虹吸工程维修养护和涵洞（隧洞）工程维修养护等项目。

（1）渠道工程维修养护定额标准项目。渠道工程维修养护定额标准项目包括渠道养护、渠道土方养护、附属设施维修养护、交通建筑物维修养护、连接建筑物维修养护、量水设施维修养护、渠道防渗工程维修养护及自动控制设施维修养护、渠道清理维修养护。

1）渠道土方养护内容：包括渠顶土方养护、渠坡土方养护。

2）附属设施维修养护内容：包括标志牌（碑）、里程桩维护和管理房维修养护。

3）交通建筑物维修养护内容：包括渠道与等外级道路相交的人行便桥和通行轻型汽车、三轮车、拖拉机、畜力车的生产桥（农桥）。

4）控制建筑物维修养护内容：包括节制闸、分水闸、退水闸。

5）连接建筑物维修养护内容：包括跌水、陡坡、倒虹吸、渡槽、涵洞、隧洞。

6）量水设施维修养护内容：包括渠道量水建筑物、专门量水堰槽、量水专用设备。

7）渠道清理内容：包括渠道及建筑物漂浮物清理、淤积杂物及泥沙清理。

8）渠道防渗工程维修养护内容：包括渠道巡查、防渗结构（砌石、混凝土、沥青混凝土、塑料膜）修补、伸缩缝修补、冻胀破坏处理等。

9）渠道养护观测内容：包括渠道及建筑物变形观测、冻胀观测、渗漏观测。

（2）渡槽工程维修养护项目。渡槽工程维修养护定额标准项目包括主体建筑物维修养护、管理房维修养护。其中主体建筑物维修养护内容包括土方养护、混凝土破损修补、工程表面裂缝维修养护、浆砌石破损修补、止水维修养护、护栏维修养护。

（3）倒虹吸工程维修养护项目。倒虹吸工程维修养护定额标准项目包括主体建筑物维修养护、管理房维修养护及倒虹吸清淤。其中主体建筑物维修养护内容包括养护土方、浆砌石破损修补、拦污栅维修养护、混凝土破损修补、裂缝处理、止水维修养护。

（4）涵洞（隧洞）工程维修养护项目。涵洞（隧洞）工程维修养护定额标准项目包括主体建筑物维修养护及涵洞（隧洞）清淤。其中主体建筑物维修养护内容包括养护土方、浆砌石破损修补、拦污栅维修养护、混凝土破损修补、裂缝处理、止水维修养护。

二、农田渠系工程维修养护定额标准

计算各计算基准的农田灌溉渠道工程维修养护工程（工作）量时，渠道长度均按1000m考虑，建筑物工程按渠道长度维修养护费10%计量，渠道清理按渠道及建筑物维修养护费2%计量。渠道及建筑物工程维修养护项目工程（工作）量、农田渠系工程维修养护定额标准计算结果分别填入表3－19和表3－20中。

表3－19 渠系工程维修养护工程（工作）量表

单位：km·年

序号	渠道维修养护项目	单位	维修养护等级		
			一	二	三
1	渠道土方养护				
(1)	渠顶土方养护	m^3			
(2)	渠坡土方养护	m^3			
2	渠道防渗维修				
(1)	混凝土维修	m^3			

续表

序号	渠道维修养护项目	单位	维修养护等级		
			一	二	三
(2)	砌石维修	m^3			
3	标志牌（碑）维护	个			
4	渠道建筑物维护		按渠道长度维护费10%计算		
5	渠道清理（淤）		按渠道工程维护费2%计算		

表3-20　农田渠系工程维修养护定额标准计算表

单位：元/(km·年)

序号	渠道维修养护项目	维修养护等级		
		一	二	三
1	渠道土方养护			
(1)	渠顶土方养护			
(2)	渠坡土方养护			
2	渠道防渗维修			
(1)	混凝土维修			
(2)	砌石维修			
3	标志牌（碑）维护			
	小计			
4	渠道建筑物维护			
	渠道工程小计			
5	渠道清理（淤）			
6	渠道维修养护定额			

第三节　农田排水工程维修养护定额标准

一、明沟排水工程维修养护等级划分及维修养护项目

明沟排水工程维修养护等级按设计流量规模分为3级，具体划分标准见表3-21。

表3-21　明沟排水工程维修养护等级划分表

维修养护等级	一	二	三
设计流量 $Q/(m^3/s)$	$1>Q\geqslant0.5$	$0.5>Q\geqslant0.2$	$Q<0.2$

明沟排水工程维修养护工程（工作）量核定，按各等级平均的设计流量确定3种计算基准，见表3-22。

表3-22　明沟排水工程计算基准

维修养护等级	一	二	三
设计流量 $Q/(m^3/s)$	0.75	0.35	0.10

二、明沟排水工程维修养护定额标准

明沟土方养护工程量定额标准与渠道及建筑物维修养护项目中渠道土方养护工程量相一致。

明沟清淤维修养护工程量等于沟顶养护土方工程量的1/2与沟坡养护土方工程量之和。

除草和清障维修养护工程量主要内容为清除明沟护坡、沟底中影响排水或行洪的杂草、杂物，及从上游冲刷下来的土料、石块和树木等杂物。

安全设施以及安全标识维修养护工程量定额标准，3种计算基准每1000m相对应的设施分别按2处、1处、0.5处计量。

交叉涵管维修养护工程量定额标准：3种计算基准每1000m相对应的交叉涵管数量分别按1处、0.5处、0.25处计量。

测算3种计算基准维修养护工程（工作）量时，排水沟长度均按1000m考虑，测算结果填入表3-23中。

表3-23　明沟排水工程维修养护项目工程（工作）量表

序号	维修养护项目	单位	维修养护等级		
			一	二	三
一	明沟排水维修养护				
1	明沟土方养护				
1.1	沟顶养护土方	m^3			
1.2	沟坡养护土方	m^3			
2	明沟清淤清障				
2.1	明沟清淤	m^3			
2.2	除草、清障	m			
3	安全设施以及安全标识维修养护	处			
二	交叉涵管维修养护	座			

明沟排水工程维修养护定额标准，是以不同维修养护等级计算基准核定的工程量和相应单价为基础计算得出，计算结果填入表3-24中。

表3-24　明沟排水工程维修养护项目定额标准表

单位：元/(km·年)

序号	维修养护项目	维修养护等级		
		一	二	三
	合计			
一	明沟排水维修养护			
1	明沟土方养护			
1.1	沟顶养护土方			
1.2	沟坡养护土方			
2	明沟清淤清障			
2.1	明沟清淤			
2.2	除草、清障			
3	安全设施以及安全标识维修养护			
二	交叉涵管维修养护			

暗管、竖井排水工程维修养护工程（工作）量及维修养护项目定额标准，可参照本定额相关规定，按实际工程量计算。

第四节　输水管道工程维修养护定额标准

本节输水管道主要指从较远的河道或湖库输水补充

当地水源（如蓄水池、小水库或塘坝等）的输水管道或南方提水灌区的输水暗渠，田间管道灌溉工程维修养护定额见第五章第一节。

一、管道及建筑物工程维修养护等级划分及维修养护项目

输水管道及建筑物工程维修养护等级按管径划分为3级，具体划分标准见表3-25。

表3-25　管道及建筑物工程维修养护等级划分表

维修养护等级	一	二	三
管道直径 ϕ/mm	$\phi \geq 1000$	$1000 > \phi \geq 500$	$500 > \phi \geq 300$

管道及建筑物工程维修养护项目工程（工作）量核定，主要以管道直径、管道计算长度等为计算基准，管道计算长度为1000m，管顶埋设深度1.0m，计算基准见表3-26。

表3-26　管道及建筑物工程计算基准表

维修养护等级	一	二	三
管道直径 ϕ/mm	1000	800	400
计算长度/m	1000	1000	1000
管顶埋深/m	1.0	1.0	1.0

在工程量计算基准的基础上，分别按塑料管道及建筑物工程维修养护、混凝土管道及建筑物工程维修养护

和钢管道及建筑物工程维修养护等项目构成，根据调研维修养护情况，核定维修养护工程量，核算结果填入表3－27～表3－29。

表3－27　塑料管道及建筑物维修养护项目工作（工程）量表

序号	维修养护项目	单位	维修养护等级		
			一	二	三
一	管道土方	m^3			
二	管道（含管件）更换	m			
三	泄水井、检修井维修养护	座			
1	阀门更换	个			
2	阀门维修	个			
3	井体维护	工日			

表3－28　混凝土管道及建筑物维修养护项目工程（工作）量表

序号	维修养护项目	单位	维修养护等级		
			一	二	三
一	管道土方	m^3			
二	管道（含管件）更换	m			
三	管道接口漏水修补	道			
四	出水口维护	工日			
五	沉砂池维护	工日			
六	检修井维修养护				
1	阀门更换	个			

续表

序号	维修养护项目	单位	维修养护等级		
			一	二	三
2	阀门维修	个			
3	井体维护	工日			
七	镇墩维修养护	m^3			
八	管道清淤、沉砂池清淤	m^3			

表 3-29　地埋钢管道及建筑物维修养护项目工作（工程）量表

序号	维修养护项目	单位	维修养护等级		
			一	二	三
一	管道土方	m^3			
二	管道（含管件）维修	工日			
三	泄水井、检修井维护	座			
1	阀门更换	个			
2	阀门维修	个			
3	井体维护	工日			

注：管件包括三通、弯头、管箍、变径、进排气阀等。

二、管道工程维修养护维修养护定额标准

在维修养护工作量确定的基础上，计算各种管道及建筑物工程维修养护定额标准，计算结果填入表 3-30～表 3-32。

表 3-30 塑料管道工程维修养护项目定额标准表

单位：元/(km·年)

序号	维修养护项目	维修养护等级		
		一	二	三
	合计	/	/	
一	管道土方	/	/	
二	管道（含管件）更换	/	/	
三	泄水井、检修井维修养护	/	/	

注：塑料管道大多适用于三级。

表 3-31 混凝土管道工程维修养护项目定额标准表

单位：元/(km·年)

序号	维修养护项目	维修养护等级		
		一	二	三
	合计			
一	管道土方			
二	管道（含管件）更换			
三	管道接口漏水修补			
四	出水口维护			
五	沉砂池维护			
六	检修井维修养护			
七	沉砂池清淤			

表 3-32　钢管道及建筑物维修养护项目定额标准表

单位：元/(km·年)

序号	维修养护项目	维修养护等级		
		一	二	三
	合计			
一	管道土方			
二	管道（含管件）维修			
三	泄水井、检修井维护			

第四章　灌区综合维修养护定额标准

第一节　自流灌区综合维修养护定额标准

一、自流灌区维修养护等级划分及维修养护项目

为提高灌区维修养护定额标准计算精度，自流灌区按控制灌溉面积分为 6 个维修养护等级，具体划分见表 4-1。

表 4-1　自流灌区维修养护等级划分表

维修养护等级	一	二	三	四	五	六
灌溉面积 A/万亩	$A\geqslant 300$	$300>A\geqslant 100$	$100>A\geqslant 30$	$30>A\geqslant 5$	$5>A\geqslant 1$	$A<1$

自流灌区维修养护项目工程（工作）量核定，以设定的灌溉面积为计算基准，见表 4-2。

表 4-2　自流灌区维修养护计算基准

维修养护等级	一	二	三	四	五	六
灌溉面积/万亩	300	200	65	17	3	0.5

二、自流灌区维修养护定额标准

自流灌区维修养护项目主要包括水源工程和灌排渠道及渠系建筑物工程维修养护项目、附属工程维修养护等。各等级计算基准维修养护工程（工作）量核定项目见表4-3。

表4-3　自流灌区各计算基准维修养护项目工程（工作）量计算表

序号	维修养护项目	单位	维修养护等级					
			一	二	三	四	五	六
一	水源工程							
1	其中：小（2）型水库	座						
2	塘坝	座						
二	农田渠道及渠系建筑物工程							
1	其中：一级渠道	km						
2	二级渠道	km						
3	三级渠道	km						
三	排水沟							
1	其中：一级排水沟	km						
2	二级排水沟	km						
3	三级排水沟	km						

注：渠系建筑物维修养护工程量按渠道长度维修养护工程量的10%计取。

根据各种计算基准条件下的维修养护工作量，测算自流灌区维修养护项目定额标准。计算结果填入表4-4中。

表4-4　自流灌区各计算基准维修养护经费计算表

单位：万元/年

维修养护等级	一	二	三	四	五	六
合计						
水源工程						
其中：小（2）型水库						
塘坝						
农田渠道及渠系建筑物工程						
其中：一级渠道						
二级渠道						
三级渠道						
排水沟						
其中：一级排水沟						
二级排水沟						
三级排水沟						

自流灌区各级计算基准的维修养护经费，除以该级计算基准的灌溉面积，即得自流灌区分级亩均定额标准，结果见表4-5。

表4-5　自流灌区维修养护分级定额标准

单位：万元/(万亩·年)

维修养护等级	一	二	三	四	五	六
分级定额标准	18.96	19.36	20.43	22.36	25.85	30.11

不同区域的自流灌区维修养护经费调整系数按各区地形地貌、气候条件、社会经济水平及农田水利工程结构型式等综合确定。西南地区多为山区地形，小型调蓄水源的窖池、蓄水池较多，没有在维修养护项目的工作量和定额标准中计算，在调整系数中考虑。

第二节　提水灌区综合维修养护定额标准

一、提水灌区维修养护等级划分及维修养护项目

提水灌区维修养护按控制灌溉面积分为 6 个等级，具体划分标准见表 4－6。

表 4－6　提水灌区维修养护等级划分表

分　级	一	二	三	四	五	六
灌溉面积 A/万亩	$A \geqslant 100$	$100 > A \geqslant 30$	$30 > A \geqslant 5$	$5 > A \geqslant 1$	$1 > A \geqslant 0.5$	$A < 0.5$

提水灌区维修养护项目工程（工作）量核定，以设定的灌溉面积为计算基准，见表 4－7。

表 4－7　提水灌区维修养护计算基准

维修养护等级	一	二	三	四	五	六
灌溉面积/万亩	100	65	17	3	0.75	0.2

二、提水灌区维修养护定额标准

提水灌区维修养护项目包括泵站工程维修养护、输配水渠道工程维修养护、调蓄水源工程维修养护、农田渠系工程维修养护及附属工程维修养护等。其中，泵站工程维修养护、输配水渠道工程维修养护按《水利工程维修养护定额标准（试点）》（2004 年，水利部、财政部）计算。提水灌区维修养护定额年维修工程（工作）量计算项目见表 4-8。

表 4-8　提水灌区各计算基准维修养护定额年维修工程（工作）量计算表

维修养护等级	单位	一	二	三	四	五	六
一、水源工程	座						
其中：小（2）型水库	座						
塘坝	座						
二、农田渠系工程	km						
其中：一级渠道	km						
二级渠道	km						
三级渠道	km						
三、排水工程	km						
其中：一级排水沟	km						
二级排水沟	km						
三级排水沟	km						

注：渠系建筑物维修养护工程量按渠道长度维修养护工程量的 10% 计取。

根据各种计算基准条件下的维修养护工作量，测算提水灌区维修养护项目定额标准。计算结果填入表4-9中。维修养护定额标准调整系数见表2-6。

表4-9　提水灌区各计算基准维修养护经费计算表

单位：万元/年

维修养护等级	一	二	三	四	五	六
合计						
一、水源工程						
其中：小（2）型水库						
塘坝						
二、农田渠系工程						
其中：一级渠道						
二级渠道						
三级渠道						
三、排水工程						
其中：一级排水沟						
二级排水沟						
三级排水沟						

提水灌区各级计算基准的维修养护经费，除以该级计算基准的灌溉面积，即得提水灌区分级亩均定额标准，结果见表4-10。

表4-10　提水灌区维修养护分级定额标准

单位：万元/(万亩·年)

维修养护等级	一	二	三	四	五	六
分级定额标准	18.44	18.55	18.72	19.06	21.98	23.40

第三节　井灌区维修养护定额标准

一、井灌区维修养护等级划分及维修养护项目

为提高定额标准计算精度，井灌区维修养护按控制灌溉面积分为 3 个等级，具体划分见表 4－11。

表 4－11　井灌区工程维修养护等级划分表

维修养护等级	一	二	三
灌溉面积 A/亩	$A \geqslant 400$	$400 > A \geqslant 200$	$A < 200$

二、井灌区维修养护定额标准

井灌区维修养护项目工程（工作）量核定，以灌溉控制面积为指标确定计算基准，见表 4－12。

表 4－12　井灌区工程维修养护计算基准表

维修养护等级	一	二	三
灌溉面积/亩	500	300	100

井灌区维修养护项目包括机井工程维修养护、农田渠（管）系工程维修养护和农田排水工程维修养护等。各维修养护等级计算基准维修养护项目工程（工作）量及维修养护经费计算表格分别见表 4－13 和表 4－14。

表 4－13　井灌区各计算基准维修养护项目工程（工作）量计算表　　单位：亩

序号	维修养护项目	单位	维修养护等级		
			一	二	三
1	机井工程	眼			
2	农田渠系工程	km			
3	明沟排水工程	km			

表 4－14　井灌区各计算基准维修养护经费计算表

单位：元/年

序号	维修养护项目	维修养护等级		
		一	二	三
	合计			
1	机井工程			
2	农田渠系工程			
3	明沟排水工程			

井灌区各级计算基准的维修养护经费，除以该级计算基准的灌溉面积，即得井灌区分级亩均定额标准，结果见表 4－15。

表 4－15　井灌区各计算基准维修养护经费计算表

单位：万元/(万亩·年)

维修养护等级	一	二	三
分级定额标准	16.73	19.03	30.42

第五章　高效节水灌溉工程维修养护定额标准

第一节　管道灌溉工程维修养护定额标准

本节所述管道灌溉工程是指低压管道输水灌溉工程，向蓄水池或塘坝补水的输水管道维修养护定额见第三章第四节。管道灌溉工程维修养护内容包括水源工程维修养护和田间管道灌溉工程维修养护。低压管道输水灌溉工程灌溉的面积大小差距较大，水源工程类型多样，有河流、水库、机井等。本节主要介绍以机井为水源的低压管道输水灌溉工程的维修养护定额，其中机井工程维修养护定额在第三章第一节中已经介绍，因此首先介绍如何确定田间管道灌溉工程维修养护费用，在此基础上确定管道灌溉工程综合维修养护定额。

一、田间管道灌溉典型工程及计算基准

管道灌溉工程由水源与取水设施、输配水管网和田间灌水设施三部分组成。其中输配水管网包括各级管

道、分水设施、保护装置和其他附属设施。控制面积较小的管道灌溉系统，可以布置一级管道；控制面积较大的管道灌溉系统，管网一般分干管和支管两级，某些情况下甚至包括干管、分干管、支管和分支管多级管道。田间设施指分水口以下的田间配套设施，包括田间农渠、毛渠、田间闸管系统等。

将田间管道灌溉工程概化成3个典型工程，并以灌溉面积为特征值分别确定计算基准，见表5-1。针对各典型工程计算基准，分别确定其田间管道系统配置及相应的工程投资，相关设备价格均为市场询价。

表5-1 田间管道灌溉典型工程维修养护计算基准

序号	项目	田间管道灌溉典型工程		
1	灌溉面积/亩	500	300	100
2	系统配置	*DN*200 干管408m，*DN*125 分干322.5m，*DN*90 支管3042m，出水口152个	*DN*160 干管420m，*DN*110 支管1830m，出水口93个	*DN*110 输水管道816m，出水口30个

二、田间管道灌溉典型工程维修养护费

管道灌溉典型工程维修养护费是管道灌溉系统及配套工程设施的所有设备的岁修率与其对应的设备投资原值乘积之和，再加上其对应的日常人工维护费用。分别

测算3种田间管道灌溉典型工程维修养护费，测算结果填入表5-2～表5-4中。

表5-2 田间管道灌溉典型工程（灌溉面积500亩）维修养护费

编号	易损部件维修养护项目	日常人工维护		设备岁修			合计/元
		工日/个	维护费/元	单价/元	岁修率/%	岁修费/元	
	合计						
一	管灌系统						
1	管道及管件维护						
2	出水口维护						
二	配套设施维护						
1	分水井、检查井等维护						
2	安全阀、进排气阀等维护						

注：分水井多见于南方稻作区低压管灌系统。

表5-3 田间管道灌溉典型工程（灌溉面积300亩）维修养护费

编号	易损部件维修养护项目	日常人工维护		设备岁修			合计/元
		工日/个	维护费/元	单价/元	岁修率/%	岁修费/元	
	合计						
一	管道灌溉系统						
1	管道及管件维护						
2	出水口维护						
二	配套设施维护						
1	分水井、检查井等维护						
2	安全阀、进排气阀等维护						

表 5-4　田间管道灌溉典型工程（灌溉面积 100 亩）维修养护费

编号	易损部件 维修养护项目	日常人工维护		设备岁修			合计 /元
		工日 /个	维护费 /元	单价 /元	岁修率 /%	岁修费 /元	
	合计						
一	管道灌溉系统						
1	管道及管件维护						
2	出水口维护						
二	配套设施维护						
1	分水井、检查井等维护						
2	安全阀、进排气阀等维护						

田间管道灌溉典型工程维修养护费与相应的工程投资原值之比，即为田间管道灌溉典型工程岁修率，计算结果填入表 5-5 中。

表 5-5　田间管道灌溉典型工程岁修率

序号	项　　目	管道灌溉典型工程		
1	维修养护等级	一	二	三
2	工程维修养护费/元			
3	工程投资原值/元			
4	工程岁修率/%			

三、管道灌溉工程维修养护项目定额标准

参考表 3-16 机井工程维修养护项目定额标准，确

定控制面积为500亩、300亩、100亩的三种典型工程水源工程机井维修养护定额标准。根据典型工程水源机井维修养护定额、田间管道灌溉工程维修养护费以及控制面积可得水源工程亩均维修养护费、田间管道灌溉工程亩均维修养护费。水源工程亩均维修养护费与田间管道灌溉工程亩均维修养护费之和，即为管道灌溉综合亩均维修养护费。计算结果填入表5-6中。

表5-6　管道灌溉工程综合维修养护费用表

序号	项　目	管道灌溉典型工程		
1	维修养护等级	一	二	三
2	水源工程维修养护费/（元/亩）			
3	田间管灌工程维修养护费/（元/亩）			
4	综合维修养护费/（元/亩）			

全国范围管道维修养护费用差异不大，但水源类型、控制面积的差异致维修养护费用差异较大。为此，根据各维修养护典型工程面积所占比例进行加权平均，最终得管道灌溉工程综合维修养护定额为28.2万元/(万亩·年)，实际采用时应按地区调整系数进行调整。

第二节　喷灌工程维修养护定额标准

喷灌工程维修养护内容包括水源工程维修养护和田

间喷灌工程维修养护。水源工程维修养护定额标准可参照第三章第一节相关内容。

田间喷灌工程的维修养护工程（工作）量的确定方法是根据喷灌工程特征先确定典型工程，作为明晰和量化工程量的模型。再以典型工程特征值作为工程规模基准值，计算相应的基准维修养护工程（工作）量，以典型工程综合岁修率表示。最后根据各类典型工程所占权重，确定喷灌工程综合维修养护定额。

一、田间喷灌典型工程及计算基准

喷灌系统分为机组式喷灌系统和管道式喷灌系统两类，其中：机组式喷灌系统主要有中心支轴式喷灌机、平移式喷灌机、滚移式喷灌机、绞盘式喷灌机、轻小型机组式喷灌机及配套设施等；管道式喷灌系统主要有涂塑软管移动管道式、铝合金管移动管道式、塑料管固定管道式及配套设施等。配套设施包括首部枢纽、输水管道系统及地埋管道阀门井、排水井等附属设施。

本次测算的田间喷灌典型工程主要包括中心支轴式喷灌机、滚移式喷灌机、绞盘式喷灌机、轻小型机组式喷灌机、涂塑软管移动管道式、铝合金管移动管道式和塑料管固定管道式 7 个类型的 12 个典型喷灌工程。平移式喷灌机可参考中心支轴式喷灌机。

根据调查确定12个田间喷灌典型工程规模计算基准，见表5-7。针对各典型工程计算基准，可分别确定其工程投资，相关设备价格均为市场询价。

表5-7　田间喷灌典型工程计算基准及所占比例

编号	项目	喷灌典型工程						
		中心支轴式（含平移式）		滚移式		绞盘式		
1	灌溉面积/亩	500	300	300	200	300	200	100
2	设备配置	中心支轴式喷灌机，桁架7跨	中心支轴式喷灌机，桁架4跨	移式喷灌机，轮轴长400m	滚移式喷灌机，轮轴长200m	绞盘式喷灌机，管径90mm、管长350m	绞盘式喷灌机，管径75mm、管长300m	绞盘式喷灌机，管径50mm、管长150m

编号	项目	喷灌典型工程						
		轻小型机组式		涂塑软管移动式	铝合金管移动式	塑料固定管道式		
1	灌溉面积/亩	200	100	100	100	100		
2	设备配置	轻小型机组式喷灌机，功率5.2马力	轻小型机组式喷灌机，功率2.2马力	涂塑软管移动管道式喷灌系统，同时工作喷头组6个，备用喷头组6个	铝合金管移动管道式喷灌系统，同时工作喷头组6个，备用喷头组6个	固定管道式喷灌系统，同时工作喷头208个		

二、田间喷灌典型工程维修养护费

12个田间喷灌典型工程维修养护费是各典型喷灌工程所对应的喷灌机或管道系统及配套工程设施的所有设备的易损部件岁修率与其对应的设备投资原值乘积之和，再加上其对应的人工费。

易损部件是通过对经销商及设备售后服务部门调研和农户使用经验确定，是指喷灌机或系统的结构部件［包括金属（钢）结构设备、管道设备、机电设备、输配电及控制设备、灌溉设备、橡胶设备等］及配套工程设施设备配件（首部枢纽压力表、闸阀等设备、输水管道及配件、地埋管道阀门井与排水井阀门及配件等）中的易损部件。其岁修率测算参考SL 72—2013《水利建设项目经济评价规范》规定的相同或相近项目的年平均大修理费率基础上经修订得到。

日常维护人工量根据对经销商及设备售后服务部门调研和农户使用经验确定。

测算12种田间喷灌典型工程维修养护费，计算表分别见表5-8～表5-19。

7类喷灌典型工程岁修率由12个喷灌典型工程维修养护费与其对应的喷灌典型工程投资原值比值各自加权平均而得，计算结果填入表5-20中。

表5-8　田间喷灌典型工程（7跨中心支轴式）维修养护费

编号	易损部件维修养护项目	日常人工维护		设备岁修			合计/元
		工日/个	维护费/元	单价/元	岁修率/%	岁修费/元	
	合计						
一	喷灌机或系统						
1	金属（钢）结构设备维修养护						
(1)	跨体角钢系统						
(2)	压力金属（钢）管系统						
2	机电设备维修养护						
(1)	动力机						
3	输配电设备维修养护						
(1)	电缆						
(2)	控制柜						
4	灌溉设备维修养护						
(1)	喷头组						
5	橡胶设备维修养护						
(1)	轮胎						
二	配套设施工程						
1	首部枢纽						
2	输水塑料管系统						
3	附属设施						

表5-9　田间喷灌典型工程（4跨中心支轴式）维修养护费

编号	易损部件 维修养护项目	日常人工维护		设备岁修			合计 /元
		工日 /个	维护费 /元	单价 /元	岁修率 /%	岁修费 /元	
	合计						
一	喷灌机或系统						
1	金属（钢）结构设备 维修养护						
(1)	跨体角钢系统						
(2)	压力金属（钢）管系统						
2	机电设备维修养护						
(1)	动力机						
3	输配电设备维修养护						
(1)	电缆						
(2)	控制柜						
4	灌溉设备维修养护						
(1)	喷头组						
5	橡胶设备维修养护						
(1)	轮胎						
二	配套设施工程						
1	首部枢组						
2	输水塑料管系统						
3	附属设施						

表 5-10 田间喷灌典型工程［滚移式（GYP—400）］维修养护费

编号	易损部件 维修养护项目	日常人工维护		设备岁修			合计 /元
		工日 /个	维护费 /元	单价 /元	岁修率 /%	岁修费 /元	
	合计						
一	喷灌机或系统						
1	金属（钢）结构设备维修养护						
(1)	压力金属（钢）管系统						
(2)	轮圈系统						
2	机电设备维修养护						
(1)	动力机						
3	灌溉设备维修养护						
(1)	喷头组						
二	配套设施工程						
1	首部枢纽						
2	输水塑料管系统						
3	附属设施						

表 5-11 田间喷灌典型工程［滚移式（GYP—200）］维修养护费

编号	易损部件 维修养护项目	日常人工维护		设备岁修			合计 /元
		工日 /个	维护费 /元	单价 /元	岁修率 /%	岁修费 /元	
	合计						
一	喷灌机或系统						

续表

编号	易损部件 维修养护项目	日常人工维护		设备岁修			合计 /元
		工日 /个	维护费 /元	单价 /元	岁修率 /%	岁修费 /元	
1	金属（钢）结构设备 维修养护						
(1)	压力金属（钢）管系统						
(2)	轮圈系统						
2	机电设备维修养护						
(1)	动力机						
3	灌溉设备维修养护						
(1)	喷头组						
二	配套设施工程						
1	首部枢纽						
2	输水塑料管系统						
3	附属设施						

表 5-12　田间喷灌典型工程（绞盘式 JP90/350）维修养护费

编号	易损部件 维修养护项目	日常人工维护		设备岁修			合计 /元
		工日 /个	维护费 /元	单价 /元	岁修率 /%	岁修费 /元	
	合计						
一	喷灌机或系统						
1	金属（钢）结构设备 维修养护						
(1)	回转盘与卷盘系统						

续表

编号	易损部件 维修养护项目	日常人工维护		设备岁修			合计 /元
		工日 /个	维护费 /元	单价 /元	岁修率 /%	岁修费 /元	
2	机电设备维修养护						
(1)	动力机						
3	灌溉设备维修养护						
(1)	专用塑料管道						
(2)	喷头组						
4	橡胶设备维修养护						
(1)	轮胎						
二	配套设施工程						
1	首部枢纽						
2	输水塑料管系统						
3	附属设施						

表 5-13 田间喷灌典型工程（绞盘式 JP75/300）维修养护费

编号	易损部件 维修养护项目	日常人工维护		设备岁修			合计 /元
		工日 /个	维护费 /元	单价 /元	岁修率 /%	岁修费 /元	
	合计						
一	喷灌机或系统						
1	金属（钢）结构设备维修养护						
(1)	回转盘与卷盘系统						
2	机电设备维修养护						

续表

编号	易损部件 维修养护项目	日常人工维护		设备岁修			合计 /元
		工日 /个	维护费 /元	单价 /元	岁修率 /%	岁修费 /元	
(1)	动力机						
3	灌溉设备维修养护						
(1)	专用塑料管道						
(2)	喷头组						
4	橡胶设备维修养护						
(1)	轮胎						
二	配套设施工程						
1	首部枢纽						
2	输水塑料管系统						
3	附属设施						

表 5-14　田间喷灌典型工程（绞盘式 JP50/150）维修养护费

编号	易损部件 维修养护项目	日常人工维护		设备岁修			合计 /元
		工日 /个	维护费 /元	单价 /元	岁修率 /%	岁修费 /元	
	合计						
一	喷灌机或系统						
1	金属（钢）结构设备维修养护						
(1)	回转盘与卷盘系统						
2	机电设备维修养护						
(1)	动力机						

续表

编号	易损部件 维修养护项目	日常人工维护		设备岁修			合计 /元
		工日 /个	维护费 /元	单价 /元	岁修率 /%	岁修费 /元	
3	灌溉设备维修养护						
(1)	专用塑料管道						
(2)	喷头组						
4	橡胶设备维修养护						
(1)	轮胎						
二	配套设施工程						
1	首部枢组						
2	输水塑料管系统						
3	附属设施						

表 5-15　田间喷灌典型工程（轻小型机组式 5.5CP—55）维修养护费

编号	易损部件 维修养护项目	日常人工维护		设备岁修			合计 /元
		工日 /个	维护费 /元	单价 /元	岁修率 /%	岁修费 /元	
	合计						
一	喷灌机或系统						
1	机电设备维修养护						
(1)	动力机						
2	灌溉设备维修养护						
(1)	专用塑料管道						
(2)	喷头组						
二	配套设施工程						

续表

编号	易损部件维修养护项目	日常人工维护		设备岁修			合计/元
		工日/个	维护费/元	单价/元	岁修率/%	岁修费/元	
1	首部枢纽						
2	输水塑料管系统						
3	附属设施						

表5-16　田间喷灌典型工程（轻小型机组式2.2CP—20）维修养护费

编号	易损部件维修养护项目	日常人工维护		设备岁修			合计/元
		工日/个	维护费/元	单价/元	岁修率/%	岁修费/元	
	合计						
一	喷灌机或系统						
1	机电设备维修养护						
(1)	动力机						
2	灌溉设备维修养护						
(1)	专用塑料管道						
(2)	喷头组						
二	配套设施工程						
1	首部枢纽						
2	输水塑料管系统						
3	附属设施						

表 5-17　田间喷灌典型工程（移动管道式喷灌）维修养护费

编号	易损部件 维修养护项目	日常人工维护		设备岁修			合计 /元
		工日 /个	维护费 /元	单价 /元	岁修率 /%	岁修费 /元	
	合计						
一	喷灌机或系统						
1	灌溉设备维修养护						
(1)	专用塑料管道						
(2)	喷头组						
二	配套设施工程						
1	首部枢组						
2	输水塑料管系统						
3	附属设施						

表 5-18　田间喷灌典型工程（铝合金移动式）维修养护费

编号	易损部件 维修养护项目	日常人工维护		设备岁修			合计 /元
		工日 /个	维护费 /元	单价 /元	岁修率 /%	岁修费 /元	
	合计						
一	喷灌机或系统						
1	灌溉设备维修养护						
(1)	专用塑料管道						
(2)	喷头组						
二	配套设施工程						
1	首部枢组						
2	输水塑料管系统						
3	附属设施						

表 5-19　田间喷灌典型工程（固定式）维修养护费

编号	易损部件 维修养护项目	日常人工维护		设备岁修			合计 /元
		工日 /个	维护费 /元	单价 /元	岁修率 /%	岁修费 /元	
	合计						
一	喷灌机或系统						
1	灌溉设备维修养护						
(1)	专用塑料管道						
(2)	喷头组						
二	配套设施工程						
1	首部枢纽						
2	输水塑料管系统						
3	附属设施						

表 5-20　田间喷灌典型工程岁修率

编号	项　目	典型喷灌工程						
		中心支轴式	滚移式	绞盘式	轻小型机组式	涂塑软管移动式	铝合金管移动式	塑料固定管道式
1	工程维修养护费/元							
2	工程投资原值/元							
3	典型喷灌工程综合岁修率/%							

三、田间喷灌工程维修养护综合定额标准

田间喷灌工程维修养护定额标准计算，是以7类田间喷灌典型工程所占权重加权平均计算得出田间喷灌工程维修养护项目定额标准。7类喷灌典型工程所占权重比例根据全国第一次水利普查及相关规划资料综合确定。

经计算，田间喷灌工程维修养护综合定额标准为15.49万元/(万亩·年)，实际采用时按地区调整系数进行调整。

喷灌工程维修养护项目定额标准计算，以1处田间喷灌工程及与其配套水源机井工程为计算基准，以核定的工程量计算出喷灌工程维修养护项目定额标准，测算结果为25.39万元/(万亩·年)。实际采用时根据地区调整系数进行定额标准调整。

第三节　微灌工程维修养护定额标准

微灌工程维修养护内容包括水源工程维修养护和田间微灌工程维修养护。水源工程维修养护定额标准可参照第三章第一节相关内容执行。

田间微灌工程的维修养护工程（工作）量的确定方

法是根据微灌工程特征先确定典型工程，作为明晰和量化工程量的模型。再以典型工程特征值作为工程规模基准值，计算相应的基准维修养护工程（工作）量，用5类典型工程综合岁修率表示。

一、田间微灌典型工程及计算基准

田间微灌工程由微灌系统及配套设施工程组成。微灌系统考虑5种类型：以滴灌带为灌水器的滴灌系统、以滴灌管为灌水器的滴灌系统、微喷灌系统、喷水带系统、涌泉灌系统。配套设施工程包括首部枢纽、输配水管网系统土方工程及地埋管道阀门井、排水井等附属设施。

田间微灌典型工程主要划分以滴灌带为灌水器的滴灌、以滴灌管为灌水器的滴灌、微喷灌、喷水带、涌泉灌等微灌系统与配套设施工程组成的12个微灌典型工程。

以12个田间微灌典型工程特征值作为工程规模基准值，各田间微灌典型工程投资原值经相应典型工程测算所得，所涉及的设备价格均为市场询价，测算结果见表5－21。

表 5-21　田间微灌典型工程计算基准

编号	项目	微灌典型工程						
		滴灌（滴灌带是灌水器）				滴灌（滴灌管是灌水器）		微喷灌
1	灌溉面积/亩	1000	500	300	100	300	100	300
2	系统配置	首部三级组合式过滤器1台套、施肥器1台套、地埋式干管长度3402m、支管轮灌长度8942m、滴灌带836000m	首部三级组合式过滤器1台套、施肥器1台套、地埋式干管长度2430m、支管轮灌长度6387m、滴灌带418000m	首部三级组合式过滤器1台套、施肥器1台套、地埋式干管长度1868m、支管轮灌长度4913m、滴灌带（管）250000m	首部三级组合式过滤器1台套、施肥器1台套、地埋式干管长度765m、支管轮灌长度2000m、滴灌带（管）83600m	首部三级组合式过滤器1台套、施肥器1台套、地埋式干管长度1100m、支管轮灌长度1150m、滴灌管90000m	首部三级组合式过滤器1台套、施肥器1台套、地埋式干管长度610m、支管轮灌长度660m、滴灌管52000m	首部二级过滤器1台套、施肥罐1台套、地埋式干管长度1464m、支管轮灌长度2160m、毛管长度40000m、微喷灌头组8000个

续表

编号	项目	微灌典型工程						
		微喷灌	涌泉灌		喷水带			
1	灌溉面积/亩	100	300	100	300	100		
2	系统配置	首部二级过滤器1台套、施肥罐1台套、地埋式干管长度732m、支管轮灌长度1080m、毛管长度13340m、微喷灌头组2668个	首部二级过滤器1台套、施肥罐1台套、地埋式干管长度874m、支管轮灌长度624m、毛管长度51000m、涌泉灌水器17000个	首部二级过滤器1台套、施肥罐1台套、地埋式干管长度437m、支管轮灌长度317m、毛管长度17000m、涌泉灌水器5700个	首部二级过滤器1台套、施肥罐1台套、地埋式干管长度900m、支管轮灌长度672m、喷水带33350m	首部二级过滤器1台套、施肥罐1台套、地埋式干管长度368m、支管轮灌长度336m、喷水带11200m		

二、田间微灌典型工程维修养护费

12个田间微灌典型工程维修养护费是各典型微灌系统及配套工程设施的所有设备的易损部件岁修率与其对应的设备投资原值乘积之和，再加上其对应的人工费。

易损部件是通过对经销商及设备售后服务部门调研和农户使用经验确定，是指微灌系统的结构部件［包括金属（钢）结构设备、管道设备、机电设备、输配电及控制设备、灌溉设备、橡胶设备等］及配套工程设施设备配件（首部枢纽压力表、闸阀等设备、输水管道及配件、地埋管道阀门井与排水井阀门及配件等）中的易损部件。其岁修率测算参考SL 72—2013《水利建设项目经济评价规范》规定的相同或相近项目的年平均大修理费率基础上经修订得到。

日常维护人工量根据对经销商及设备售后服务部门调研和农户使用经验确定。

测算5类微灌12个典型工程维修养护费，分别填入表5-22～表5-33中。

表 5-22　田间微灌典型工程（1000 亩滴灌带为灌水器）维修养护费

编号	易损部件 维修养护项目	日常人工维护		设备岁修			合计 /元
		工日 /个	维护费 /元	单价 /元	岁修率 /%	岁修费 /元	
	合计						
一	微灌系统						
1	首部枢纽设备维修养护						
(1)	过滤器						
(2)	施肥（药）罐						
(3)	其他专用设备						
2	管道设备维修养护						
(1)	微灌专用管道						
3	毛管与灌水器						
(1)	滴灌带						
二	配套设施工程						
1	首部枢纽						
2	附属设施						

表 5-23　田间微灌典型工程（500 亩滴灌带为灌水器）维修养护费

编号	易损部件 维修养护项目	日常人工维护		设备岁修			合计 /元
		工日 /个	维护费 /元	单价 /元	岁修率 /%	岁修费 /元	
	合计						
一	微灌系统						
1	首部枢纽设备维修养护						
(1)	过滤器						
(2)	施肥（药）罐						

续表

编号	易损部件 维修养护项目	日常人工维护		设备岁修			合计 /元
		工日 /个	维护费 /元	单价 /元	岁修率 /%	岁修费 /元	
(3)	其他专用设备						
2	管道设备维修养护						
(1)	微灌专用管道						
3	毛管与灌水器						
(1)	滴灌带						
二	配套设施工程						
1	首部枢纽						
2	附属设施						

表5-24 田间微灌典型工程（300亩滴灌带为灌水器）维修养护费

编号	易损部件 维修养护项目	日常人工维护		设备岁修			合计 /元
		工日 /个	维护费 /元	单价 /元	岁修率 /%	岁修费 /元	
	合计						
一	微灌系统						
1	首部枢纽设备维修养护						
(1)	过滤器						
(2)	施肥（药）罐						
(3)	其他专用设备						
2	管道设备维修养护						
(1)	微灌专用管道						
3	毛管与灌水器						
(1)	滴灌带						

续表

编号	易损部件 维修养护项目	日常人工维护		设备岁修			合计 /元
		工日 /个	维护费 /元	单价 /元	岁修率 /%	岁修费 /元	
二	配套设施工程						
1	首部枢纽						
2	附属设施						

表 5-25　田间微灌典型工程（100 亩滴灌带为灌水器）维修养护费

编号	易损部件 维修养护项目	日常人工维护		设备岁修			合计 /元
		工日 /个	维护费 /元	单价 /元	岁修率 /%	岁修费 /元	
	合计						
一	微灌系统						
1	首部枢纽设备维修养护						
(1)	过滤器						
(2)	施肥（药）罐						
(3)	其他专用设备						
2	管道设备维修养护						
(1)	微灌专用管道						
3	毛管与灌水器						
(1)	滴灌带						
二	配套设施工程						
1	首部枢纽						
2	附属设施						

表 5-26　田间微灌典型工程（300 亩滴灌管为灌水器）维修养护费

编号	易损部件 维修养护项目	日常人工维护		设备岁修			合计 /元
		工日 /个	维护费 /元	单价 /元	岁修率 /%	岁修费 /元	
	合计						
一	微灌系统						
1	首部枢纽设备维修养护						
(1)	过滤器						
(2)	施肥（药）罐						
(3)	其他专用设备						
2	管道设备维修养护						
(1)	微灌专用管道						
3	毛管与灌水器						
(1)	滴灌管						
二	配套设施工程						
1	首部枢纽						
2	附属设施						

表 5-27　田间微灌典型工程（100 亩滴灌管为灌水器）维修养护费

编号	易损部件 维修养护项目	日常人工维护		设备岁修			合计 /元
		工日 /个	维护费 /元	单价 /元	岁修率 /%	岁修费 /元	
	合计						
一	微灌系统						
1	首部枢纽设备维修养护						

续表

编号	易损部件 维修养护项目	日常人工维护		设备岁修			合计 /元
		工日 /个	维护费 /元	单价 /元	岁修率 /%	岁修费 /元	
(1)	过滤器						
(2)	施肥（药）罐						
(3)	其他专用设备						
2	管道设备维修养护						
(1)	微灌专用管道						
3	毛管与灌水器						
(1)	滴灌管						
二	配套设施工程						
1	首部枢纽						
2	附属设施						

表 5-28　田间微灌典型工程（300 亩微喷头为灌水器）维修养护费

编号	易损部件 维修养护项目	日常人工维护		设备岁修			合计 /元
		工日 /个	维护费 /元	单价 /元	岁修率 /%	岁修费 /元	
	合计						
一	微灌系统						
1	首部枢纽设备维修养护						
(1)	过滤器						
(2)	施肥（药）罐						
(3)	其他专用设备						
2	管道设备维修养护						

续表

编号	易损部件 维修养护项目	日常人工维护		设备岁修			合计 /元
		工日 /个	维护费 /元	单价 /元	岁修率 /%	岁修费 /元	
(1)	微灌专用管道						
3	毛管与灌水器						
(1)	微喷头组						
二	配套设施工程						
1	首部枢纽						
2	附属设施						

表5-29　田间微灌典型工程（100亩微喷头为灌水器）维修养护费

编号	易损部件 维修养护项目	日常人工维护		设备岁修			合计 /元
		工日 /个	维护费 /元	单价 /元	岁修率 /%	岁修费 /元	
	合计						
一	微灌系统						
1	首部枢纽设备维修养护						
(1)	过滤器						
(2)	施肥（药）罐						
(3)	其他专用设备						
2	管道设备维修养护						
(1)	微灌专用管道						
3	毛管与灌水器						
(1)	微喷头组						

续表

编号	易损部件 维修养护项目	日常人工维护		设备岁修			合计 /元
		工日 /个	维护费 /元	单价 /元	岁修率 /%	岁修费 /元	
二	配套设施工程						
1	首部枢纽						
2	附属设施						

表 5-30　田间微灌典型工程（300 亩稳流器与小管为灌水器）维修养护费

编号	易损部件 维修养护项目	日常人工维护		设备岁修			合计 /元
		工日 /个	维护费 /元	单价 /元	岁修率 /%	岁修费 /元	
	合计						
一	微灌系统						
1	首部枢纽设备维修养护						
(1)	过滤器						
(2)	施肥（药）罐						
(3)	其他专用设备						
2	管道设备维修养护						
(1)	微灌专用管道						
3	毛管与灌水器						
(1)	稳流器与小管						
二	配套设施工程						
1	首部枢纽						
2	附属设施						

表 5－31　田间微灌典型工程（100 亩稳流器与小管为灌水器）维修养护费

编号	易损部件 维修养护项目	日常人工维护		设备岁修			合计 /元
		工日 /个	维护费 /元	单价 /元	岁修率 /%	岁修费 /元	
	合计						
一	微灌系统						
1	首部枢纽设备维修养护						
(1)	过滤器						
(2)	施肥（药）罐						
(3)	其他专用设备						
2	管道设备维修养护						
(1)	微灌专用管道						
3	毛管与灌水器						
(1)	稳流器与小管						
二	配套设施工程						
1	首部枢纽						
2	附属设施						

表 5－32　田间微灌典型工程（300 亩喷水带为灌水器）维修养护费

编号	易损部件 维修养护项目	日常人工维护		设备岁修			合计 /元
		工日 /个	维护费 /元	单价 /元	岁修率 /%	岁修费 /元	
	合计						
一	微灌系统						
1	首部枢纽设备维修养护						

续表

编号	易损部件 维修养护项目	日常人工维护		设备岁修			合计 /元
		工日 /个	维护费 /元	单价 /元	岁修率 /%	岁修费 /元	
(1)	过滤器						
(2)	施肥（药）罐						
(3)	其他专用设备						
2	管道设备维修养护						
(1)	微灌专用管道						
3	毛管与灌水器						
(1)	喷水带						
二	配套设施工程						
1	首部枢纽						
2	附属设施						

表5－33　田间微灌典型工程（100亩喷水带为灌水器）维修养护费

编号	易损部件 维修养护项目	日常人工维护		设备岁修			合计 /元
		工日 /个	维护费 /元	单价 /元	岁修率 /%	岁修费 /元	
	合计						
一	微灌系统						
1	首部枢纽设备维修养护						
(1)	过滤器						
(2)	施肥（药）罐						

续表

编号	易损部件 维修养护项目	日常人工维护		设备岁修			合计 /元
		工日 /个	维护费 /元	单价 /元	岁修率 /%	岁修费 /元	
(3)	其他专用设备						
2	管道设备维修养护						
(1)	微灌专用管道						
3	毛管与灌水器						
(1)	喷水带						
二	配套设施工程						
1	首部枢纽						
2	附属设施						

5类微灌典型工程岁修率由12个田间微灌典型工程维修养护费与其对应的田间微灌典型工程投资原值比值各自加权平均而得，计算结果填入表5-34中。

表5-34　田间微灌典型工程岁修率

编号	项　目	微灌典型工程				
		滴灌		微喷灌	喷水带	涌泉灌
		滴灌带	滴灌管			
1	工程维修养护费 /元					
2	工程投资原值 /元					
	典型微灌工程岁修率/%					

三、田间微灌工程维修养护项目定额标准

以 5 类 12 个田间微灌典型工程计算基准与核定的工程量计算出的维修养护项目定额标准，以此为基础，再考虑 5 类田间典型微灌工程所占权重加权平均计算得出田间微灌工程维修养护项目定额标准。5 类田间微灌典型工程所占权重比例根据全国第一次水利普查及相关规划资料综合确定。

经计算，田间微灌工程维修养护综合定额标准为 25.04 万元/(万亩·年)，实际采用时按地区调整系数进行定额标准调整。

微灌工程维修养护项目定额标准计算，以 1 处田间微灌工程及与其配套的水源机井工程为计算基准，以与核定的工程量计算出微灌工程维修养护项目定额标准，测算结果为 34.4 万元/(万亩·年)。实际采用时根据地区调整系数进行定额标准调整。

附　　录

附录1　小型农田水利工程维修养护定额标准单价分析

一、分析说明

（1）本定额标准单价分析依据水利部《水利建筑工程概算定额》（2002年）、《水利工程施工机械台时费定额》（2002年）、《水利工程概预算补充定额》（2005年）、《水利工程设计概（估）算编制规定》（2014年）及实测定额，参考部分省（自治区、直辖市）及有关单位制定的水利工程维修养护定额。单价分析中引用《水利建筑工程概算定额》的，在单价分析表的备注栏中标出引用的定额编号。

（2）单价由直接费、间接费、利润、材料补差及税金构成。直接费包括基本直接费（工、料、机消耗费用）和其他直接费。

（3）本单价分析中的人材机消耗按正常的施工条

件、合理的施工组织及施工工艺编制，并已综合考虑了维修养护工程的作业面分散等因素。

（4）人工预算单价综合考虑农田水利工程维修养护的特点，并结合市场人工工资水平，本定额人工预算单价不分专业与工种综合取定为 13.4 元/工时。

（5）材料消耗量已包括材料净用量、操作及场内运输消耗，材料预算价为现行价格。主要材料预算价格汇总于附表 1。

附表 1　主要材料预算价格汇总表

序号	项目名称	单位	单价/元	备　注

（6）施工机械台时费汇总于附表 2，表中所列为现行价格，并已考虑了机械幅度差。

附表2 施工机械台时费汇总表

序号	项目名称及规格	台时费	其中					材料补差
			折旧费	修理费	安拆费	人工费	动力燃料费	

(7) 间接费及直接费中的其他直接费按《水利工程设计概(估)算编制规定》的费率标准取费。

(8) 利润按直接费和间接费之和的7%计算。

(9) 税金按下列公式计算:

税金=(直接费+间接费+利润+材料补差)×税率

税率取3.28%。

二、单价汇总表

小型农田水利工程维修养护定额标准主要单价汇总于附表 3。

附表 3　主要单价汇总表

序号	项目名称	单位	单价/元	定额编号	备注

三、维修养护项目单价分析表

单价分析表见附表 4。

附表4 单价分析表

定额编号：　　　　　定额单位：

施工方法：

工作内容：

序号	项目名称	单位	数量	单价/元	合计/元	备注
一	直接费					(一)+(二)
(一)	基本直接费					
(1)	人工费					
(2)	材料费					
(3)	机械费					
(4)	……					
(二)	其他直接费					(一)×8.5%
二	间接费					一×5%
三	企业利润					(一+二)×7%
四	材料补差					
五	税金					(一+二+三+四)×3.28%
六	合计					一～五之和

附录2 使用说明

一、说明

1.《小型农田水利工程维修养护定额（试行）》（以下简称本定额，本使用说明所引用的表，都是指本定额中的表）是小型农田水利工程维修养护经费计算标准。适用于已竣工验收并交付使用的灌区及高效节水灌溉工程等小型农田水利工程的年度常规维修养护（以下简称小型农田水利工程维修养护）经费预算的编制和核定，不包含管理组织人员经费和公用经费。农田水利工程扩建、续建、改造、因自然灾害损毁修复和抢险所需的费用，以及其他专项费用，不包括在本定额之内。

2. 本定额分总则，小型农田水利工程维修养护分类分区，自流灌区工程维修养护定额标准，提水灌区工程维修养护定额标准，井灌区工程维修养护定额标准，高效节水灌溉工程维修养护定额标准共6章。

3. 本定额根据灌区首部水源形式，将灌区具体划分为自流灌区、提水灌区和井灌区。当一个灌区存在多种水源形式时，按主导水源形式进行灌区分类。高效节水灌溉工程根据田间灌溉系统的形式，分为管道灌溉工程、喷灌工程和微灌工程。

4．本定额是小型农田水利工程维修养护资金测算、分配、使用和管理的依据。项目管理单位应按不同灌溉类型，逐项分别测算汇总编制维修养护经费预算。县级区域小型农田水利工程维修养护经费预算由区域内各管理单位维修养护经费预算组成，并依本定额测算审核。省级区域的小型农田水利工程维修养护经费预算是在县级区域小型农田水利工程维修养护经费预算的基础上累加得到的。使用本定额时，应严格按总则规定的有关原则、适用范围和相关要求执行。

5．本定额是小型农田水利工程维修养护经费综合定额。即自流灌区、提水灌区、井灌区和高效节水灌溉工程维修养护经费按其灌溉面积综合计算，包含农田水利工程中的小（2）型水库工程（10万$m^3 \leqslant V < 100$万m^3）、塘坝工程（0.05万$m^3 \leqslant V < 10$万m^3）、窖池（蓄水池）工程（$10m^3 \leqslant V < 500m^3$）、机井工程、设计流量小于$1m^3/s$的农田渠系工程、设计流量小于$1m^3/s$的农田排水工程以及管道灌溉工程、喷灌工程和微灌工程的年均维修养护经费，上述单项工程维修养护经费不再进行单项计算。

农田水利工程中的水闸工程、泵站工程、小（1）型及以上水库工程、滚水坝工程、设计流量不小于$1m^3/s$的骨干渠道及建筑物工程、设计流量不小于

$1m^3/s$的骨干排水及建筑物工程的维修养护经费，按《水利工程维修养护定额标准（试点）》（2004年，水利部、财政部）的规定，另行测算其维修养护经费。

6. 本定额将全国划分为东北地区、黄淮海地区、长江中下游地区、华南沿海地区、西南地区和西北地区等6个分区。以黄淮海地区为计算基准，考虑各地地形、气候、社会经济发展水平及农田水利工程结构形式等因素，对不同类型灌区和高效节水灌溉工程维修养护经费，分地区设置了调整系数。

7. 本定额将灌区工程维修养护按灌溉面积划分了不同等级，不同维修养护等级的灌区工程维修养护经费应依据灌区规模选取相应的分级定额标准。

8. 本定额的“工作内容”仅扼要说明自流灌区、提水灌区、井灌区和高效节水灌溉工程维修养护的主要施工过程及主要工序，次要施工过程及工序和必要的辅助工作，虽未逐项列出，但已包括在定额内。

二、定额的使用方法

本定额依据小型农田水利工程维修养护的特点编制。使用本定额时，按照下列程序计算小型农田水利工程维修养护经费。

1. 统计小型农田水利工程灌溉面积

以县级区域为单元，按本定额规定的灌区和高效节水灌溉工程类型，分别统计不同维修养护等级（本定额表3.4.1、表4.4.1、表5.4.1）的自流灌区、提水灌区、井灌区面积和管道灌溉工程、喷灌工程、微灌工程面积。自流灌区、提水灌区、井灌区面积中包含管道灌溉工程、喷灌工程、微灌工程面积的，其维修养护等级按包含管道灌溉工程、喷灌工程、微灌工程面积的规模确定，但计算其维修养护年均经费时，应按扣除管道灌溉工程、喷灌工程、微灌工程面积后的面积计算。县级区域小型农田水利工程灌溉面积可参照附表1统计。

2. 计算不同维修养护等级的自流灌区、提水灌区、井灌区和高效节水灌溉工程维修养护年均经费

（1）查本定额表3.4.3、表4.4.3、表5.4.3、表6.1.5、表6.2.4、表6.3.4，分别得到不同维修养护等级的自流灌区、提水灌区、井灌区和管道灌溉工程、喷灌工程、微灌工程维修养护定额标准。

（2）将不同维修养护等级的自流灌区、提水灌区、井灌区和管道灌溉工程、喷灌工程、微灌工程面积乘以查表得到的相应维修养护定额标准，分别得出不同维修养护等级的自流灌区、提水灌区、井灌区和管道灌溉工程、喷灌工程、微灌工程维修养护年均基本经费。

（3）查本定额表2.2.1、表2.2.2，分别得到自流

灌区、提水灌区、井灌区、管道灌溉、喷灌、微灌工程维修养护调整系数。

附表1　县级区域小型农田水利工程灌溉面积统计表

单位：万亩

分类	分级	工程名称	灌溉面积	合计
自流灌区	一级（$A\geqslant300$）	×××灌区		$A_{自1}$
		……		
	二级（$300>A\geqslant100$）	×××灌区		$A_{自2}$
		……		
	三级（$100>A\geqslant30$）	×××灌区		$A_{自3}$
		……		
	四级（$30>A\geqslant5$）	×××灌区		$A_{自4}$
		……		
	五级（$5>A\geqslant1$）	×××灌区		$A_{自5}$
		……		
	六级（$A<1$）	×××灌区		$A_{自6}$
		……		
提水灌区	一级（$A\geqslant100$）	×××灌区		$A_{提1}$
		……		
	二级（$100>A\geqslant30$）	×××灌区		$A_{提2}$
		……		
	三级（$30>A\geqslant5$）	×××灌区		$A_{提3}$
		……		
	四级（$5>A\geqslant1$）	×××灌区		$A_{提4}$
		……		
	五级（$1>A\geqslant0.5$）	×××灌区		$A_{提5}$
		……		
	六级（$A<0.5$）	×××灌区		$A_{提6}$
		……		

续表

分类	分级	工程名称	灌溉面积	合计
井灌区	一级（$A \geqslant 0.04$）	×××井灌区		$A_{井1}$
		×××井灌区		
		……		
	二级（$0.04 > A \geqslant 0.02$）	×××井灌区		$A_{井2}$
		×××井灌区		
		……		
	三级（$A < 0.02$）	×××井灌区		$A_{井3}$
		×××井灌区		
		……		
高效节水灌溉工程	管道灌溉工程	×××管道灌溉工程		$A_{管}$
		×××管道灌溉工程		
		……		
	喷灌工程	×××喷灌工程		$A_{喷}$
		×××喷灌工程		
		……		
	微灌工程	×××微灌工程		$A_{微}$
		×××微灌工程		
		……		

（4）分别将不同维修养护等级的自流灌区、提水灌区、井灌区和管道灌溉、喷灌、微灌工程维修养护年均基本经费乘以查表得到的相应维修养护调整系数，得出不同维修养护等级的自流灌区、提水灌区、井灌区和管道灌溉、喷灌、微灌工程维修养护年均经费。

县级区域不同维修养护等级的自流灌区、提水灌区、井灌区和高效节水灌溉工程维修养护年均经费可按附表2计算。

附表2　县级区域小型农田水利工程维修养护经费分类分级计算表

分类	分级	定额标准/[万元/(万亩·年)]	年均基本维修养护经费/万元	分区调整系数 n	年均维修养护经费/万元
自流灌区	一级	18.96	$P_{\text{自基}1}=A_{\text{自}1}\times 18.96$	查本定额表2.2.1、表2.2.2得到	$P_{\text{自}1}=P_{\text{自基}1}\times n_{\text{自}}$
	二级	19.36	$P_{\text{自基}2}=A_{\text{自}2}\times 19.36$		$P_{\text{自}2}=P_{\text{自基}2}\times n_{\text{自}}$
	三级	20.43	$P_{\text{自基}3}=A_{\text{自}3}\times 20.43$		$P_{\text{自}3}=P_{\text{自基}3}\times n_{\text{自}}$
	四级	22.36	$P_{\text{自基}4}=A_{\text{自}4}\times 22.36$		$P_{\text{自}4}=P_{\text{自基}4}\times n_{\text{自}}$
	五级	25.85	$P_{\text{自基}5}=A_{\text{自}5}\times 25.85$		$P_{\text{自}5}=P_{\text{自基}5}\times n_{\text{自}}$
	六级	30.11	$P_{\text{自基}6}=A_{\text{自}6}\times 30.11$		$P_{\text{自}6}=P_{\text{自基}6}\times n_{\text{自}}$
提水灌区	一级	18.44	$P_{\text{提基}1}=A_{\text{提}1}\times 18.44$		$P_{\text{提}1}=P_{\text{提基}1}\times n_{\text{提}}$
	二级	18.55	$P_{\text{提基}2}=A_{\text{提}2}\times 18.55$		$P_{\text{提}2}=P_{\text{提基}2}\times n_{\text{提}}$
	三级	18.72	$P_{\text{提基}3}=A_{\text{提}3}\times 18.72$		$P_{\text{提}3}=P_{\text{提基}3}\times n_{\text{提}}$
	四级	19.06	$P_{\text{提基}4}=A_{\text{提}4}\times 19.06$		$P_{\text{提}4}=P_{\text{提基}4}\times n_{\text{提}}$
	五级	21.98	$P_{\text{提基}5}=A_{\text{提}5}\times 21.98$		$P_{\text{提}5}=P_{\text{提基}5}\times n_{\text{提}}$
	六级	23.42	$P_{\text{提基}6}=A_{\text{提}6}\times 23.42$		$P_{\text{提}6}=P_{\text{提基}6}\times n_{\text{提}}$
井灌区	一级	16.73	$P_{\text{井基}1}=A_{\text{井}1}\times 16.73$		$P_{\text{井}1}=P_{\text{井基}1}\times n_{\text{井}}$
	二级	19.03	$P_{\text{井基}2}=A_{\text{井}2}\times 19.03$		$P_{\text{井}2}=P_{\text{井基}}2\times n_{\text{井}}$
	三级	30.42	$P_{\text{井基}3}=A_{\text{井}3}\times 30.42$		$P_{\text{井}3}=P_{\text{井基}}3\times n_{\text{井}}$

续表

分类	分级	定额标准/[万元/(万亩·年)]	年均基本维修养护经费/万元	分区调整系数 n	年均维修养护经费/万元
高效节水灌溉工程	管道灌溉工程	28.20	$P_{管基}=A_{管}\times 28.20$	查本定额表2.2.1、表2.2.2得到	$P_{管}=P_{管基}\times n_{管}$
	喷灌工程	25.39	$P_{喷基}=A_{喷}\times 25.39$		$P_{喷}=P_{喷基}\times n_{喷}$
	微灌工程	34.40	$P_{微基}=A_{微}\times 34.40$		$P_{微}=P_{微基}\times n_{微}$

3. 计算县级区域小型农田水利工程维修养护年均经费

将不同维修养护等级的自流灌区、提水灌区、井灌区和管道灌溉、喷灌、微灌工程维修养护年均经费进行相加，得出县级区域小型农田水利工程维修养护年均经费。县级区域小型农田水利工程维修养护年均经费可用下式计算：

$$P=P_{自1}+P_{自2}+P_{自3}+P_{自4}+P_{自5}+P_{自6}+P_{提1}+P_{提2}+P_{提3}+P_{提4}+P_{提5}+P_{提6}+P_{井1}+P_{井2}+P_{井3}+P_{管}+P_{喷}+P_{微}$$

三、县级区域小型农田水利工程维修养护经费计算实例

【实例】 长江中下游地区某县现有耕地面积200

万亩，灌溉面积108.8万亩。其中，跨县的某一处280万亩大型自流灌区在该县灌溉面积30万亩；16万亩的自流灌区1处；1万～5万亩（不含5万亩）的自流灌区9处，面积共35万亩；小于1万亩的自流灌区11处，面积共7万亩；8万亩的提水灌区1处（其中含管道灌溉工程面积1.6万亩）；1万～5万亩（不含5万亩）的提水灌区3处，面积共12万亩（其中含管道灌溉工程面积1.8万亩、微灌工程面积0.5万亩）；小于200亩的井灌区78处，面积共0.8万亩（其中含喷灌工程面积0.3万亩、微灌工程面积0.1万亩）。

该县农田水利工程年均维修养护经费P由小型农田水利工程年均维修养护经费$P_{小型}$和其他农田水利工程年均维修养护经费$P_{其他}$构成，即

$$P = P_{小型} + P_{其他}$$

1. 计算该县小型农田水利工程年均维修养护经费$P_{小型}$

该县小型农田水利工程年均维修养护经费包括农田水利工程中的小（2）型水库工程（10万$m^3 \leqslant V <100$万m^3）、塘坝工程（0.05万$m^3 \leqslant V <10$万m^3）、窖池（蓄水池）工程（$10m^3 \leqslant V < 500m^3$）、机井工程、设计流量小于$1m^3/s$的农田渠系工程、设计流量小于$1m^3/s$的农田排水工程以及管道灌溉工程、喷灌工程和微灌工

程的年均维修养护经费，根据本定额，不再分工程单项计算，而是根据各类工程的单位灌溉面积综合定额进行计算。具体计算如下：

(1) 280 万亩大型自流灌区在该县灌溉面积 30 万亩 1 处：

查表 3.4.1，280 万亩自流灌区维修养护等级为二级；查表 3.4.3，二级的自流灌区维修养护定额标准为 19.36 万元/(万亩·年)；查表 2.2.2，长江中下游地区自流灌区调整系数为 1.05。30 万亩自流灌区年均维修养护经费 $P_{小型1}$：

$$P_{小型1} = 30\text{万亩} \times 19.36\text{万元}/(\text{万亩}\cdot\text{年}) \times 1.05 = 609.84\text{万元}$$

(2) 16 万亩的自流灌区 1 处：

查表 3.4.1，16 万亩自流灌区维修养护等级为四级；查表 3.4.3，四级的自流灌区维修养护定额标准为 22.36 万元/(万亩·年)；查表 2.2.2，长江中下游地区自流灌区调整系数为 1.05。1 处 16 万亩的自流灌区年均维修养护经费 $P_{小型2}$：

$$P_{小型2} = 16\text{万亩} \times 22.36\text{万元}/(\text{万亩}\cdot\text{年}) \times 1.05 = 375.65\text{万元}$$

(3) 1 万～5 万亩（不含 5 万亩）的自流灌区 9 处，面积共 35 万亩：

查表 3.4.1，1 万～5 万亩（不含 5 万亩）自流灌区维修养护等级为五级；查表 3.4.3，五级的自流灌区维修养护定额标准为 25.85 万元/(万亩·年)；查表 2.2.2，长江中下游地区自流灌区调整系数为 1.05。9 处 1 万～5 万亩的自流灌区年均维修养护经费 $P_{小型3}$：

$$P_{小型3} = 35\ 万亩 \times 25.85\ 万元/(万亩 \cdot 年) \times 1.05 = 949.99\ 万元$$

(4) 小于 1 万亩的自流灌区 11 处，面积共 7 万亩：

查表 3.4.1，小于 1 万亩自流灌区维修养护等级为六级；查表 3.4.3，六级的自流灌区维修养护定额标准为 30.11 万元/(万亩·年)；查表 2.2.2，长江中下游地区自流灌区调整系数为 1.05。11 处小于 1 万亩的自流灌区年均维修养护经费 $P_{小型4}$：

$$P_{小型4} = 7\ 万亩 \times 30.11\ 万元/(万亩 \cdot 年) \times 1.05 = 221.31\ 万元$$

(5) 8 万亩的提水灌区 1 处（其中含管道灌溉工程面积 1.6 万亩）：

除去管道灌溉工程面积 1.6 万亩，剩余共 6.4 万亩。查表 4.4.1，8 万亩提水灌区维修养护等级为三级；查表 4.4.3，三级的提水灌区维修养护定额标准为 18.72 万元/(万亩·年)；查表 2.2.2，长江中下游地区提水灌区调整系数为 0.95。1 处 8 万亩提水灌区年均维

修养护经费 $P_{小型5}$：

$$P_{小型5} = 6.4\text{万亩} \times 18.72\text{万元}/(\text{万亩}\cdot\text{年}) \times 0.95 = 113.82\text{万元}$$

（6）1万～5万亩（不含5万亩）的提水灌区3处，面积共12万亩（其中含管道灌溉工程面积1.8万亩、微灌工程面积0.5万亩）：

除去管道灌溉工程面积1.8万亩、微灌工程面积0.5万亩，剩余共9.7万亩。查表4.4.1，1万～5万亩（不含5万亩）提水灌区维修养护等级为四级；查表4.4.3，四级的提水灌区维修养护定额标准为19.06万元/(万亩·年)；查表2.2.2，长江中下游地区提水灌区调整系数为0.95。3处1万～5万亩的提水灌区年均维修养护经费 $P_{小型6}$：

$$P_{小型6} = 9.7\text{万亩} \times 19.06\text{万元}/(\text{万亩}\cdot\text{年}) \times 0.95 = 175.64\text{万元}$$

（7）小于200亩的井灌区78处，面积共0.8万亩（其中含喷灌工程面积0.3万亩、微灌工程面积0.1万亩）：

除去喷灌工程面积0.3万亩、微灌工程面积0.1万亩，剩余共0.4万亩。查表5.4.1，小于200亩井灌区维修养护等级为三级；查表5.4.3，三级的井灌区维修养护定额标准为30.42万元/(万亩·年)；查表2.2.2，长江中下游地区井灌区调整系数为0.9。78处小于200

亩的井灌区年均维修养护经费 $P_{小型7}$：

$P_{小型7}=0.4$ 万亩 $\times 30.42$ 万元/(万亩·年) $\times 0.9$

$=10.95$ 万元

(8) 管道灌溉工程面积 3.4 万亩：

查表 6.1.5，管道灌溉工程维修养护定额标准为 28.20 万元/(万亩·年)；查表 2.2.2，长江中下游地区管道灌溉工程调整系数为 0.95。3.4 万亩管道灌溉工程年均维修养护经费 $P_{小型8}$：

$P_{小型8}=3.4$ 万亩 $\times 28.20$ 万元/(万亩·年) $\times 0.95$

$=91.09$ 万元

(9) 喷灌工程面积 0.3 万亩：

查表 6.2.4，喷灌工程维修养护定额标准为 25.39 万元/(万亩·年)；查表 2.2.2，长江中下游地区喷灌工程调整系数为 1.05。0.3 万亩喷灌工程年均维修养护经费 $P_{小型9}$：

$P_{小型9}=0.3$ 万亩 $\times 25.39$ 万元/(万亩·年) $\times 1.05$

$=8.00$ 万元

(10) 微灌工程面积 0.6 万亩：

查表 6.3.4，微灌工程维修养护定额标准为 34.40 万元/(万亩·年)；查表 2.2.2，长江中下游地区微灌工程调整系数为 1.0。0.6 万亩微灌工程年均维修养护经费 $P_{小型10}$：

$P_{小型10}=0.6$ 万亩 $\times 34.40$ 万元/(万亩·年) $\times 1.0$

$=20.64$ 万元

(11) 该县小型农田水利工程年均维修养护经费 $P_{小型}$：

$$P_{小型}=P_{小型1}+P_{小型2}+P_{小型3}+P_{小型4}+P_{小型5}+P_{小型6}+P_{小型7}+P_{小型8}+P_{小型9}+P_{小型10}$$

$=2576.93$ 万元

2. 计算该县其他农田水利工程年均维修养护经费 $P_{其他}$

该县其他农田水利工程年均维修养护经费包括农田水利工程中的水闸工程、泵站工程、小（1）型及以上水库工程、滚水坝工程、设计流量不小于 $1m^3/s$ 的骨干渠道及建筑物工程、设计流量不小于 $1m^3/s$ 的骨干排水及建筑物工程等的年均维修养护经费，具体计算按水利部、财政部于2004年发布的《水利工程维修养护定额标准（试点）》的规定进行。

3. 该县农田水利工程年均维修养护经费 P

$$P=P_{小型}+P_{其他}=2576.93\text{ 万元}+P_{其他}$$